N年以后，你一定会感激这次深刻的领悟

汪冬莲◎著

金城出版社
GOLD WALL PRESS

图书在版编目（CIP）数据

N 年以后，你一定会感激这次深刻的领悟 / 汪冬莲著 . —北京：
金城出版社，2017. 1
ISBN 978-7-5155-1419-2

Ⅰ. ①N…　Ⅱ. ①汪…　Ⅲ. ①人生哲学 – 通俗读物
Ⅳ. ①B821 – 49

中国版本图书馆 CIP 数据核字（2016）第 266656 号

N 年以后，你一定会感激这次深刻的领悟

作　　者	汪冬莲
责任编辑	李　健
开　　本	700 毫米 ×960 毫米　1/16
印　　张	13. 5
字　　数	130 千字
版　　次	2017 年 1 月第 1 版　2017 年 1 月第 1 次印刷
印　　刷	北京金瀑印刷有限责任公司
书　　号	ISBN 978-7-5155-1419-2
定　　价	32. 00 元

出版发行	**金城出版社** 北京市朝阳区利泽东二路 3 号　邮编：100102
发 行 部	（010）84254364
编 辑 部	（010）64210080
总 编 室	（010）64228516
网　　址	http：//www. jccb. com. cn
电子邮箱	jinchengchuban@ 163. com
法律顾问	陈鹰律师事务所（010）64970501

你知道不少，领悟却不多
（代序）

一

一个人，早晚要进入社会。

即便大学毕业留在学校，也是进入社会。学校，是另一种类型的社会。

一个人，只要没有那份啃老到死的心安理得，必得找份起码能养活自己的工作，哪怕是骑驴找马式的过渡。

社会不像教科书中描绘的那样和谐美好，职场更不是你想象的那般公平合理。一旦运气稍微差一点儿，便极有可能遇到讨厌的老板、糟糕的同事，还有检验你忍受能力的制度。

遇到这种情况，无论你做与不做，是否直面，那些人、那些事就在那里，有增不减。你可以忍，也可以认，忍不了还可以滚，但环境绝对不会改，他们依然理直气壮。因为在他们心目中，现在的社会什么都缺，就是不缺人才，况且你未必是他们眼中的人才。

当然，人怂不能怨社会，关键是怨也没用。

社会不会因为我们个人改变，老板不会因某人抱怨改变。唯一能改变的，就是我们自己。我们不改变，必然被别人改变。

不知道我们是被父母惯坏了，还是被老师教育坏了，总之在进入社会的初始阶段，时刻能体验着“心比天高，命比纸薄；理想丰满，现实骨感”的巨大落差。

这是为什么呢？是差人呢，还是差事呢？

人丑多读书，点背多思考。真的勇士，要敢于直面惨淡的人生。

二

不得不说，我们对这个世界的期许，大多数时候与自己的能力并不匹配。不要说工作经验和能力等工作范畴的指标，单就对世界本身而言，我们也是懵懵懂懂，知之甚少的。

社会是怎样运转的？他人心底思量的是什么？办公室政治究竟该如何应付？自己这辈子到底应该怎么过？这一连串的疑问，无时无刻不在打消年轻的勇气与胆量，令萎靡和局促成为我们精神状态的重要特征。

社会运转的复杂性不必多言，社会中人的复杂性，才是我们要用心琢磨的核心所在。

林语堂老先生早在一个世纪前就说过：中国就有这么一群奇怪的人，本身是最底阶层，利益每天都在被损害，却具有统治阶级的意识。在动物世界里找这么弱智的东西都几乎不可能。

我们所处的时代，当然不同于林先生所生活的社会，林先生这句话的背景已经完全改变。社会变了，人性难变，“统治阶级”没有了，人与人之间的斗争仍然存在。他们可能是跟我们毫不相干的路人甲，也有可能是我们的同事、朋友、老乡、同学等与我们有某种瓜葛的人。这就需要我们认真思考，智慧应对。

《史记·外戚世家》中有云：“美女入室，恶女之仇。”传曰：“女无美恶，入室见妒；士无贤不肖，入朝见嫉。”有时候，并不是你做错了什么或能力水平有问题，仅仅是因为你的存在、你所占据的岗位，使得你必得遭那样的折磨。

这个关乎人性的问题，两千多年前司马迁就已经说得很明白了：女人没有什么美不美的，进了门就要被嫉妒；读书人没有什么能干不能干，入朝做官必会遭嫉恨。

这样的总结虽然出自西汉，与如今的社会环境完全不可同日而语，但千年来王朝更替，社会进步，人性从某种程度上来说却没有实质性改变。

直到今天，只要我们身在职场，就免不了受妒受嫉，遭暗箭，被中伤。而国民对权力的过度尊崇，也使得人们的行为更不可思议。

有人说，中国人不把自己当人，也不把别人当人。稍有权力，耀武扬威。看见权力，俯首帖耳。尽管斗来斗去，谁也没能成为英雄，以两败俱伤者为多，死的时候悼词都差不多。但从古至今，“与人斗”一直是国人乐此不疲、“其乐无穷”的人生“大义”之一。

三

人已经够复杂的了，生活还要更复杂。

为什么说男怕入错行，女怕嫁错郎？那是因为沉没成本太大。

当你拥有一个难以更改的现状时，它就成了你一辈子的负担。

因为年轻时选择的行业或挑选的结婚对象不合适不理想，从而让自己一辈子过得暗淡无光甚至凄惨悲凉，所以我们要争取在年轻的时候练就一双慧眼，从事“对”的行业找到“对”的配偶，不要成为像西西弗斯那样无望的英雄，明知没有任何希望却不得不重复着日复一日的无效劳作。

人情往来的复杂程度更是远超我们的想象。

由于生活在熟人社会，很多人对于本分与情分的区别毫无认知，也不在意。不要说像国外那样子女成年后必须脱离父母独立生活，即便是普通的朋友之交，有时也会绞成一团乱麻。那种“你的就是我的”“我的还是我的”“你有能力就必须帮我，不帮就是得罪”的“友谊”与“亲情”，让很多人谈友色变，谈情伤心。

日本著名推理小说作家东野圭吾，在其经典著作《白夜行》里，讲了这么一句名言：这世界上有两样东西无法直视：一是太阳，二是人心。

前面说的社会与人生的种种复杂情况，根子都在人心。如果你有足够的生活阅历，便会发现，人心叵测，人心隔肚皮，并不是心理阴暗者揣度出来的刻薄话，而是关于人性的深刻洞察。

既然无法直视，那就寻求侧面突破。

我们必须不断了解人性、了解现实生活，以便形成更为客观可行的人生智慧，懂得如何避开人性的种种丑恶与难堪，将自己和他人人性中的闪光点挖掘和发挥出来，避免站在道德的制高点上，去考验或者质疑别人，把人性中懦弱自私那些阴暗面给逼出来。只有这样，我们的生活才会充满温暖与光亮。

四

从某种程度上说，一个人彻悟的程度，等于他所受痛苦的深度。但我们不能非要亲历痛苦，才能深刻感悟人性。就像某位著名作家所言，写妓女写小偷，难道也要亲身体验才能写吗？

我们对人性的考察、对人生的感悟，基于同样的道理。如果我们能以自己的悟性提炼出生活的智慧，而不是通过生活的浸泡才能结出智慧之花，何尝不是一件美好的事情？

前人已经为我们积累了很多感悟之道，让我们在观察这个世界以及这个世界上的人的时候，不致如盲人摸象，不着边际。

在古代经典著作《吕氏春秋》里，有一段教人如何看人不走眼的法则，放到今天仍然实用：通，观其所礼。贵，观其所进。富，观其所养。听，观其所行。止，观其所好。习，观其所言。穷，观其所不受。贱，观其所不为。

翻译出来就是：一个人发达了，要看他是否还谦虚谨慎、彬彬有礼、遵守规则。一个人地位高了，要看他推荐什么人。他提拔什么样的人，他就是什么样的人。一个人有钱了，要看他怎么花钱，给谁花，花在什么地方。人穷的时候节俭不乱花钱，那是资源和形势造就的。人富了以后还能保持节俭，才是品行的体现。听完一个人的话，要看他是不是那样去做的。不怕说不到，就怕他说了做不到。通过一个人的爱好，能看出这个人的本质。第一次跟一个人见面的时候，他说的话不算什么，等相处得久了，再听听他跟你说什么，是不是跟当初一致，跟当初的差别越大，人品越不好。人穷没关系，穷人不占小便宜，这样的人本质好。人地位低没关系，不卑不亢，保持自己的尊严，这样的人本质特好。

有人评测，吕氏总结的看人的八条原则，能够做到六条的算本质好的，做到五条以下的人比较可怕，交往时必须谨慎。

当然，社会进步的速度超乎我们的想象。现今的人谁能想到，仅仅在30多年前的上世纪80年代初，当时的外汇管理条例规定，个人出国，每次只准带5美元外汇。这个数字在外汇额度已经提高到每人5万美元的今天，已经超出了我们的想象力。

五

两千多年前的《道德经》，也已有了这样的认知：希言自然。故飘风不终朝，骤雨不终日，孰为此者？天地。天地尚不能久，而况于人乎？这话的意思是：不言政令不扰民是合乎于自然的。狂风刮不了一个早晨，暴雨下不了一整天。谁使它这样的呢？天地。天地的狂暴尚且不能长久，更何况是人呢？

既然天地都左右不了社会的发展和自然的运转，我们相信，只要自身足够强大，工作与生活中遇到的形形色色的人和事，同样改变不了自己的运行轨迹。我们必须寄希望于自己。

这个世界上，只有自己帮助自己或者自己拯救自己之后，别人的帮助或者救援才会发挥效力。如果自己都放弃了，别人就算帮助或者援救，也因自己的缘故无济于事。当你发现自己走错了路的时候，停下来就是进步，细细思考，可能找到另一条正确的道路。成功了，只是一个新的开始；失败了，同样也是新的开始。

我们永远不知道自己的人生最终将走向何处，结局如何。我们要做的，就是把自己所能把握的事，做到能力范围内的最好。

辜鸿铭当年在爱丁堡大学留学的时候，曾与几个同学约定，40 岁以前不出版东西。“因为我们必须对我们的问世之作有确切的把握，而这在 40 岁之前是办不到的。”如果你觉得自己在过往的岁月里对人生、对人性思索过少，也不必太在意，因为那确实是年轻人难以轻易“确切”把握的东西，但从现在开始，一切都还来得及。

帕斯卡尔说过，习惯是人的第二天性。不仅如此，人还是唯一寻求意义的动物。一个人在任何时候都需要为自己寻找一个目标，即使明知这个目标是自欺欺人的，也要朝着这个目标去奋斗，否则生活就没有中心，没有重心，就会失去激情。

每个人充其一生，在家庭里，在社会上，在团队中，所要寻找的就是一种意义感、存在感。设立目标，将朝着目标奋斗当成我们的习惯，生活才会富有意义和张力。目标可以无法达成，但绝不能缺失。

六

如果我们对社会、对人生都有了确切的了解与把握，那我们必定有敢做自己的胆量。

除了胆量，我们还要有资本。能做自己的资本，是一个特别宏大的话题，它也正是本书想要阐述的内容。简单地说就是要长本事。只有拥有了敢做自己的胆量和能做自己的资本，行走人间，才能无怨无悔，无所畏惧。

我们还需要想明白这样一个道理：很多时候，我们追求的只是一份自以为是的精神上的安慰，我们得到的只是一份自以为是的自我承认。

因此，从某种程度上来说，不要太在意现状，不要太在意结果。无论如何，天塌不下来。要有天塌下来有高个子顶着的豁达，我们才能更加从容平和地做人做事，成就自己。

对人生的思索和人性的琢磨，只有两类人可以相对超脱：一是已经过了知天命之年的人。在那样的年纪，这一辈子怎么样，如何收官，基本已成定局，即便尚未一一呈现，那也只是时间问题。前因早已种下，静心等待结果。求仁得仁，求义得义，因果不爽；二是已经获得了财务自由的人。如果在制约人生的最大约束力——财务上已经获得自由，且自己所求又不多的话，那么，也可以不用努力思考人生，琢磨人性了。除此之外的人，都需要在这个世界上用心学习，努力感悟。

当今社会，不仅物质极大丰富，信息和观点更是丰富到过剩的程度。

如果没有有意识地节制自己对各类信息的接收，网络、微博、微信等社交媒体，能占据我们所有的业余空间。因为社交传播内容的海量，身边有很多人，特别是年轻人，表面上看起来什么都懂，什么都明白，因为每天有无数的内容推送到他面前，手指一动，就能很方便很快捷地读到前人需要借助于图书馆、书店、讲座、课堂等渠道才能接触到的信息与理念。

他们确实对世道人心了然于胸，洞明世事，练达人情。尽管如此，他们在生活中和职场上，依然很迷茫很苦恼，究其原因，是因为他们尽管懂得、明白诸多道理，但并没有真正领悟透其中的关窍。而这，正是本书想要解决的问题。

这是一本关于“领悟”的书，探讨如何领悟这个世界、这个社会。当我们悟透社会运行的真谛、人情往来的规则时，就能成为自己的主人，主宰自己的命运。

如今社会，鸡汤文遍地都是。因为鸡汤好喝，所以大家都好这一口。“鸡汤”会说，这个世界很美好，我们只需要换个角度看问题。鸡汤文的可怕之处就在于，饮罢浑身舒坦，但并不能解决任何实际问题，还会误导我们对问题的正确认知及判断，贻误机会，浪费人生。从某种程度上说，这样的精神胜利法杀人于无形。除非含着金钥匙出生，否则，对于绝大多数人来说，生活是艰难的：世道艰难、前途未卜、迷失自我、失学、失业、失败、失望、被歧视、受嘲笑……这样的人生境遇，估计总有一款在你我的人生道路上出现。平凡的“我们”不是金刚不败之身，生活也不是童话，我们最需要的不是滋补品，而是预防迷失世事的疫苗、启迪心灵提高智慧的钥匙。贫困、挣扎、恐惧、痛苦、失败、疾病、死亡，人人不能幸免其中之一二。对于我们走上社会后可能遇到的是是非非、坎坎坷坷，唯有疫苗才管用。“疫苗”会说，这个世界很烂，然后告诉我们应该怎么办。坦然面对生而为人的艰难，把真实的人生剥给众生看，不回避，不掩藏，我们才有可能找到应对的办法。

争取打疫苗，不要喝鸡汤。这是本书的宗旨，也是我对于读者的期许。

目 录

第一章

幸福有定律，没有定势

有什么样的能力，过什么样的日子

自知之明这种素质，大部分人还是有的。很少有人在工作中缺乏自知之明，给竿就上，给洞就钻，多数人还是按照有什么样的能力，干什么样的工作；有什么样的水平，奔什么样的岗位、过什么样的日子。因为没有那个能力而硬拼一份工作、一个岗位，是一件特别辛苦和危险的事情。对于这一点，大家都是明白人，自己有几斤几两，自己最清楚。少数的一些人，因为机会来临，本着“有机会不上，乌龟王八蛋”的原则，水平能力没到那个份上，靠着别人的扶植，干上一摊子工作，最终轻则失去事业，重则颠覆人生。所以在工作上，小智大谋的人比较少见。

生活中则不一样了，抱着“有一千过一万”的想法过日子的实在不少。很多人过到最后，“一万”的日子没过多长时间，连“一千”的日子也过不成了，整个儿活在悲惨世界，所以有必要在这里絮叨几句。

在工作中如此理智的人，为什么会在生活中做出“有一千过一万”的非理性举动？这是因为有两种可能性存在：

一是中国人很重视家庭，家族观念浓厚，所以单个的个体可能没有什么能力过像样的日子，放在大家庭里就可以了。现在的青年人以独生子女为多。在很多年轻人看来，父母的家底也就是自己的家底，迟用早用都是一回事。大家族中混得好的亲友，也是让一些人心生妄念的对象。至亲的关系，凭什么你们上百万的轿车开着、上千万的房子住着，我这要整一个过得去的商品房都困难？开口不借就是得罪，心里的算盘是说什么借不借，压根儿也没打算还，识趣点直接说接济还能落点人情。

另一种情况则是朋友熟人圈攀比之风盛行。尤其是在办婚礼这件事上，是怎么超过承受能力都不为过的，美其名曰一辈子就这么一回。这就使得一些家庭被赶着鸭子上架，本来撑不起那么大的排场结不起那么"昂贵"的婚，赶着赶着愣是被架上了高台。一场婚礼办下来，全家老小多少年缓不过劲儿来。

攀比风的盛行，不过是物质化社会的外在表现。按照社会主义平均分配的政策，大家在一口锅里吃了这么多年饭，也穷了这么多年，突然间搞市场经济了，个人凭劳动凭本事过日子。差别出现了，纠葛也来了。大部分人乍富之后，免不了要得瑟一段时间，就像有的段子说的——等我有钱了，买两杯牛奶，喝一杯，倒一杯——否则显不出自己翻身了呀。一位来中国旅行的美国大学生说，他很不喜欢一些中国大学生，因为他们无趣，除了房子车子不会聊别的。物质化的社会，把大学生也熏陶成了中年人，一开口就是柴米油盐房车钱。物质化的社会，演绎在我们这个特别重视"面子"、视面子为图腾的民族，就产生了越演越烈的攀比风。此风之下，胖子的确越来越多了，只不过很多都是"打胖"的。为了过有面子的生活，也只能咬着牙比谁更能对自己下得去狠手了。

上述两种情况，基本到最后都会弄得鸡飞狗跳，人仰马翻，没让当事人露出底裤，已经是非常幸运的事儿了。

不但有什么样的能力，过什么样的日子，还要有什么样的能力，找什么样的对象。"齐大非偶"的典故虽然发生在春秋时期，实践证明，这样的婚配观念至今仍然是睿智的，因为它是人性在婚姻中的直观反映。有什么样的水平，上与之匹配的学校。最后这一原则，在宽进严出的国外大学尤显重要。美国常青藤盟校公布的数据显示，近年来，进入哈佛大学、耶鲁大学、康奈尔大学、哥伦比亚大学等 14 所美国名牌大学的中国留学生退学率为 25%，他们的共同特点为——都是曾经的高分考生。他们好多是通过反复做题“刷题”刷出了一个特别高的成绩——有时甚至是满分。这些学校招他们进去，发现其真实水平并没有达到那一步，入学以后跟不上教学进度，最后学不下去只得一退了之。

还有更严厉的。2015 年 5 月，一条教育新闻让很多兴高采烈地拿着国外大学录取通知书的学生及其家长心中一惊：8000 名中国学生因作弊等被开除，其中不乏在常青藤名校就读的学生，其中 80.55% 因学术表现差或学术不诚实被开除。

笔者曾听过一个活生生的例子。北京四中是北京市的老牌名校，曾经培养了很多杰出校友。它的一位负责人讲述了自己学生这样一个故事：有位学生高中成绩非常优秀，当年以很好的成绩被芝加哥大学经济系录取。芝加哥大学是美国最负盛名的大学之一，共有 89 位诺贝尔奖得主在此工作或学习过。芝加哥大学的经济系产生了 22 位诺贝尔奖得主，其学术水平已自成一派，被称为“芝加哥学派”。这位四中学子被芝加哥大学录取（美国大学录取多在 3 月末 4 月初，提前录取的则在前一年度的 12 月中旬）后，因为觉得离毕业还有一段时间，无事可干，遂决定参加国内高考。不负重望，考出了教育强区第二名的好成绩，估计在北京市也排在前十几名了。这么优秀的学生，到了芝加哥大学经济系后，竟然发现自己与那些美国同学差距太大。据他后来跟自己的高中老师倾诉，我们对国外基础教育的了解有重大误差，总以为中国的基础教育特别厉害，其实美国顶尖的优秀学生，其接受的基础教育更厉害，只不过人家实行的是分层教学，不像我们这样全民学奥数般疯狂罢了。这位学生说，演练一些数学题，他花两个小时没能解出来，他的美国同学，有的只需花两三分钟，便在黑板上清楚地给出求解过程及答案。这位同学后来主动要求转到生物系。由于怕自己的高中老师失望，没敢把转系换专业的消息告诉老师，直到半年以后才给予透露。

有什么能力，过什么日子，这样就不会期待天上掉馅饼。很多时候，天上掉的不是馅饼，而是陷阱。除了有意拉扯自己的亲人，大多数时候人们的刻意相交，口吐莲花，只不过是为有所求、有所谋做铺垫罢了。没有金刚钻，别揽瓷器活儿。没有那个能力，不要听信他人胡诌前面有馅饼在等着你。过好自己的日子，是本分，也是智慧。

为了保证人们过上“有什么样的能力过什么样的日子”的生活，两千多年前的中国古人，想出了一招叫“不见可欲，使民心不乱”。这句出自老子的《道德经》的治世名言，指的是不显露足以引起贪欲的事物，使人们的心思不至于被扰乱。几千年前的智者，就有了这种“眼不见，心不烦”的驭民智慧，令人叹服。

人的欲望是无止境的，但欲望要与自己的能力匹配，它才在安全的范围内。超过能力的欲求，就像一再加大油门的小汽车，随时都有翻车的危险。

随着经济活动的增多，近些年经常出现的一种情况是：本来大家相安无事，平淡度日，却被旁人挑拨起欲望，使得一些人有了与自己的能力不相匹配的欲求。这样的行为，往轻里说是居心不良，往重里说便是教唆犯罪。前些年非常流行、近些年因国家的强力打压转入地下的传销活动，便是最典型的挑拨从业者欲望的例子。那些捧着自己的血汗钱加入，不要脸面地骗了一个又一个亲戚朋友同乡家人的传销人员，就是在上线的煽动下，被传销骨干编织的财富故事蛊惑，撩拨起了无穷的致富欲望，所以才有那么多的“致富狂”被洗脑，无论父母亲人怎么劝也不肯回家，甚至被解救后还认为是被公安以及报案的家人断了“财路”，对解救自己的家人耿耿于怀。

用一句老话来说，这真叫吃多了猪油蒙住心，让鬼迷了心窍。

钱没有想象的那么重要

一

某年某月，一篇文章在知乎上得到了网友的极大关注，在极短的时间里获得几万人次的点击，上千条回复。文章作者以自己的亲身经历，极力说明钱的重要性。他说得很诚恳也颇有道理，所以才会引起这么高的关注度。他的观点建立在这样一个事实上：两年之内，他的父亲和岳父，先后得了癌症。作为家属，他们穷尽一切办法，最终仍无法挽回并不衰老的生命。他和妻子的小家庭都不算困难，岳父家是富裕的小康之家。他们两口子可以称得上是青年才俊，无论工作岗位还是收入，在同龄人中都算是佼佼者。如果没有疾病，他们以及双亲家庭绝对属于社会上过得比较优越的家庭。但这一切在疾病和巨额的医疗开支面前轻如纸张，即便他们做好了卖房的打算，老人还是一个个地去了。他因此痛感生命的无常和金钱的宝贵，写下了这么一篇文章，赢得了大家的共鸣。

对于绝症患者的家属来说，钱确实如纸，哗哗地流出去却不知效果如何。这位三十出头的年轻人因此感叹，在中国，只有医院里常年躺着需要大笔医疗开支的亲人而没有压力感的人，才叫有钱人。

这样的现身说法得到了很多网友的认同。然而，从某种角度说，这位青年才俊做了误导，尤其是对涉世不深、事业还在探索当中的年轻人，这样的例子有可能把他们引入金钱至上的歧途，从而使他们踏上唯金钱马首是瞻的道路。事实上，与人的一生想要获得的成长，想要取得的成就相比，金钱在一个人的一生中，尤其是在事业的起步期和成长期，并没有那么重要。重要的是机会、是成长。

这位患者家属的例子有点极端，绝大部分人不会碰到这么压力山大的事情，短期内连续出现需要巨额金钱去救命的场景。他的误导，在于他设置了一个极端的前提，得出了一个极端的结论。

在事业起步阶段和成长阶段，直白地说，在职场的上半场，金钱不是衡量职业价值和个人价值的唯一标准，有时候，它甚至不是主要标准。

有一个段子在网上流传很广：1998 年，马化腾等一伙人凑了 50 万元创办了腾讯，没买房；1998 年，史玉柱借了 50 万元搞脑白金，没买房；1999 年，丁磊用 50 万元创办网易，没买房；1999 年，陈天桥炒股赚了 50 万元，创办盛大，没买房；1999 年，马云等 18 人凑了 50 万元，注册阿里巴巴，没买房。如果当年他们用这 50 万买了房，现在有可能还在还银行的贷款。

我在这里引用这个段子，并不是鼓动大家要创业不要买房。这个段子给人的主要启迪，也不是要不要买房，尽管近二十年来房子升值飞速，如果没有其他机会，买房的确是一个很好的投资渠道。这个段子最主要的精髓是：对于年轻人来说，机会和成长才是王道。年轻的时候，钱没有那么重要。只要有机会能成长，以后自然会有钱。如果扼杀机会放弃成长，守着自己的一亩三分地，止步不前，给再多的月薪又如何？几何级增长与算术级增长，根本不在一个等量级上。更何况，年轻时候的那点经验与能力，任你再努力能干，善谈报酬，也不能换来车载斗量的收入。与其计较于一时的几斗稻粱，不如着眼于今后的大发展。

这才是我写这篇文章的初衷。我怕前面那位患者家属对金钱作用的过度描述，会让年轻人过于看重眼前的现金收入，汲汲于每月打工所得，而放弃将目光看远些，将金钱看淡些，将机会看重些，将成长视为选择重心。只有愿意为成长放弃一些金钱，为机会放弃一些收入，才有可能成长为最好的自己。

二

将金钱看得太重，还会误导年轻人尤其是出身贫寒而又懂事自律的年轻人，年轻的时候过于自苦，将自己活成了金钱的奴隶。也许，对于这些底层出身、家里无法给予任何资助支持，甚至还等着晚辈混出人样反哺长辈及大家庭的人来说，金钱的确特别重要，甚至可以说是生活的主宰。即便如此，也不应过于自苦，再不济，也不要让金钱的节省影响了自己的健康。人们在形容一个人特别节俭的时候，喜欢用“节衣缩食”来形容，还喜欢用“从牙缝里挤出来的”形容克俭节约的情况。这样的克己实在有些得不偿失，尤其是在“缩食”方面，节衣至少不会对自身造成怎样的亏欠。穿衣品位上的讲究某种程度上可以说是奢侈，吃饭却是必需品。身体是奋斗的本钱，我们不应该在饮食上太过苛刻，在本钱上先输一着。越往上走你会发现，拼到最后大家拼的是身体，是身体素质和健康状况。

现今国内每年有很多学生去国外念书。几年下来，这些学生发现，很多时候不是学识和能力不如别人，而是体质体能弱于他人。北京某示范中学的一位校领导说，他带领本校的体育特长生去美国中学访问，结果咱们的学生与美国学生一交手，几秒钟就被撂倒在地。我在这里不是鼓吹种族优越论，有可能是东西方饮食结构的差异导致了体能的差异。东方人的体质的确要弱一些，这在足球等体力消耗巨大的运动中已有体现。全球顶尖的高校哈佛大学，有 90 多个图书馆。当中央电视台《世界著名大学》制片人谢娟带着摄制组到哈佛大学采访时，一下子被哈佛的学习氛围震撼了。她回忆说："我们到哈佛大学时，是半夜两点，可让我们惊讶的是，整个校园却是灯火通明，那是一个不夜城。餐厅里，图书馆里，教室里还有很多学生在看书。那种强烈的学习气氛一下子就感染了我们。在哈佛，学生的学习是不分白天和黑夜的。那时，我才知道，在美国，在哈佛这样的名校，学生的压力是很大的。"没有一个健康强壮的身体，甚至不可能在世界一流的大学顺利完成学业，更遑论在此后的岁月中做出杰出的成就。

自上世纪 70 年代末恢复高考制度以来，穷乡僻壤的很多有志青年，通过读书跳出农门，走进城市。这些今日的城市精英，当年早早离家外出求学，由于经济窘迫生活困难，很多人在外出求学初期阶段，基本是靠家里带来的咸菜及学校食堂里的末等菜度日。就像《平凡的世界》里描述的那样，孙少平这个正长身体的农家子弟，在全家人的努力下来到县城上高中。对他而言，吃个白菜都是很奢侈的事情，主食不敢问津"欧洲"白面馒头、"亚洲"玉米馒头，只能吃"非洲"高粱米做的黑馒头。这一先天缺陷，造成很多"凤凰男""凤凰女"尽管步入社会后因为自身的优秀发展得不错，但有不少人仍旧折在身体上。我不止一次地听一些从农村出来、现在过得很好、在他人眼中算是比较成功的中年人感叹，我的身体不行，体力精力跟不上，否则我可以……同样优秀的两个青年，出身贫苦农村家庭的和出身城市中产阶级家庭的，表面看起来差别不大，其实在体质上，好多农村青年已经失了先手。这样的差别，会随着年龄的增长和职务的提升越来越明显。

身体是奋斗的本钱，对身体的投资是最有价值的投资。何况健康状况是个日积月累的过程，而且不可逆。所以即便出身贫寒，年轻的时候也不要过于自苦，对金钱的节省应以不损害健康为前提。金钱即便在我们最困窘的时候，也没有想象的那么重要。很多时候，我们只是需要一点钱壮胆而已，所以有“钱壮怂人胆”的俗语。挺一挺，即便没有那个胆，那个坎也过去了。伤及身体的自苦，有可能会掣肘我们一辈子的事业发展。

对另一些人来说，则需要注意在金钱面前不要轻易放低底线。一旦放低底线，有了一些缺憾的历史，以后想抹，可能永远也抹不掉了。这样的污点甚至会跟随我们一辈子。因为经济比较紧张，有些年轻人为了一点钱，不得不做昧良心的事情，出卖自己的身体，出卖自己的灵魂。也许那时候我们真的急需用钱，或者至少表面上金钱提升了我们当时的安全感，但其实只不过是提升了我们的感觉而已。而我们出卖的东西，却有可能对我们的后半生产生至关重要的影响。有人粗俗地比喻：妓女的腿一旦张开，就别想再合拢了。年轻时的一些轻率举动，极有可能是一条不归路。过于看重金钱的结果，有可能因小失大，当时所得远远比不上日后所失。

多年以后，发现当年扼杀自己的梦想甚或昧着良心挣的那点钱，在后来的人生岁月中并不顶大用，而我们却委屈了自己的梦想甚至有了污点。那点钱除了当时给我们带来一点安全感外，什么都不抵，却有可能在此后的岁月里始终阴影不散。如果年轻的时候不是那么金钱至上，也许我们的人生会有另一番风光。

三

不要把钱看得太重，还在于很多人终其一生，都不会花完自己这辈子挣的钱。前几年春晚有个小品，令大家记忆深刻，回味悠长。小品里说：人生最痛苦的事情是，人死了，钱没花了！人生最最痛苦的事情是，人没死，钱已经没了。由于民族特有的禀性，我们没有像某些国家那样，临终前对自己的遗产进行清点和分配的习俗——那些生前八竿子打不着的人，也许会因为某种法律上的关系，或出于当事人的意愿而得到一笔意外之财。我们的观念里，再多的钱都是留给子女的，所以有再多的钱也不会嫌多。中国人如今的平均寿命在 75 岁左右，即便能活到 90 岁，算一算，这辈子剩下的时间里，需要的金钱的数额，也是有限的。而子女，自有他（她）们的人生使命和追求，我们丧失自我为子女留下的这点财富，能给子女带来什么呢？禁烟英雄林则徐，对此作了特别精辟的分析：子孙若如我，留钱做什么，贤而多财，则损其志；子孙不如我，留钱做什么，愚而多财，益增其过。

年轻时不要把钱看得太重，还在于钱不是省出来的，当年的自苦对今天的身家没有半点影响。倒是当年的自苦让自己少了很多生活乐趣。当年想吃而没有买的小点心，当年想吃而不敢点的甲等菜，当年想玩而没有去的景点，都有可能成为自己一辈子的遗憾。当有了钱不用考虑花费的时候，你突然发现，没有当年的胃口了；为了保持身材不能多吃了，你甚至找不到那个卖点心的小店了；你没有时间去旅游了……凡事都有两面性。懂事是好事，过于懂事有时候却是一种自戕。它会扼杀很多年轻的欲望，让年轻的生命失去很多体验的机会。这样的体验有可能提升今后的事业高度，更不用说增加了生命本身的厚重感。它还令我们在社会上奋斗了大半辈子，有了一定的物质基础后，回忆过往一片空白，遗憾多多。人的本性难改，但人的想法是会变的。10 岁的时候特别想买某个玩具，15 岁的时候对它已经无感了。15 岁的时候特别想买某件衣服或某双鞋，20 岁时已经没有那种心境了。我对这点感触颇深，来自于切身体会。

我的孩子五六岁的时候，特别想要一辆可以坐在上面驾驶的玩具车，做梦都梦见自己开车出去兜风。当时正集房贷车贷于一身的我们，吝啬地拒绝了孩子的请求，然后大大地打了一个折扣，花了一百来元买了一个坐在上面靠双腿移动的塑料车。在孩子十来岁的时候，当做爹妈的提起陈年往事时，当事人已经一脸漠然，毫无兴致了。

世人爱财，是古已有之的世情，并不是今天才这样。《晋书·隐逸传》里面，鲁褒有这样一段论述钱在世人心目中的价值及其功用的文字，生动辛辣："为世神宝，亲之如兄，字曰'孔方'。失之则贫弱，得之则富昌。无翼而飞，无足而走，解严毅之颜，开难发之口。"

金钱的确有魔力。财经作家吴晓波说：金钱让人丧失的，无非是他原本就没有真正拥有的；而金钱让人拥有的，却是人并非与生俱有的从容和沉重。金钱会让深刻的人深刻，让浅薄的人更浅薄。他认为，没有早期的锦衣玉食生活，便不会有曹雪芹的《红楼梦》。

四

从人类无穷的欲望来说，钱对于任何人都是不多的。人们会根据自己的财力，决定家庭生活的品质和事业奋斗的高度。即使富如李嘉诚，尽管他早已衣食无忧，但他的钱也自有其用处，在进军一些新项目时，想必也有四处筹措调动资金的时候。有多大的财力，便会布多大的局，办多大的事儿，做多大的规划。

我们在日常的人际交往中，千万不要存了"他那么有钱，估计多得没处花吧""他那么有钱，我们作为亲戚朋友理应帮他花一点"的心理。也许人家装修房屋的钱，可以在县城买好几套商品房了，但是如果不是出于情谊，他人实在没有义务必须降低自己的装修品质帮我们付个按揭首付。

时间对任何人都是平等的，人家的钱也是奋斗得来的，我们有何德何能，让人家降低自己的生活品质成全我们的生活梦想？人家愿意成全，那是情分，是需要感激的情谊；人家不愿成全，那也不过是尽了做人的本分，没有什么可指责的。

这个社会除了父母，没有谁在我们的生活和工作中承担“必须”的责任。就算父母这种对子女包办一切的“义务”，也是中国才有的特色。放在某些国家，子女长大成人后，父母已经没有任何义务了。像巴菲特这样的巨富，他的孩子也是自谋职业自己生活的，根本没有躺在父母身上享受的可能。

虽然钱是个好东西，作为 21 世纪的新新人类，我们却应该有一种超越金钱的追求，尤其是在年轻事业未定型的时候，应该机会至上，选择至上，事业至上。钱并没有我们想的那么重要。法国作家卢梭在《忏悔录》里说过：就财富来说，没有一个公民穷得不得不转让自己，也没有一个公民富得足以购买另一个人。日本作家村上春树在《挪威的森林》里写过这样一段话：你认为有钱的最大优势是什么？是可以说自己没钱啊。就像长得漂亮的女孩子可以说“我今天的脸难看得很，不想外出”。可是换个丑八怪女孩同样说一句试试，不被人笑掉大牙才怪哩。金钱的作用，大抵如此。

漫画大师丰子恺说：这个世界不是有钱人的世界，也不是无钱人的世界，它是有心人的世界。

很多人看重钱，并不是穷在钱上，而是穷在心上。心穷的人，有再多的钱，也觉得不够。这样的人，不谈也罢。

关于金钱在人生当中的作用，100 多年前就有人做过实验。美国 19 世纪最有世界影响力的作家、哲学家梭罗，著有不朽的散文集《瓦尔登湖》。这本 100 多年来畅销不衰的传世经典，在美国家喻户晓，与《圣经》等作品一起，被美国国会图书馆评为“塑造读者的 25 本书”。读了它，我们可以学会为生活做减法，为思想做加法，体会心灵宁静之美。梭罗于1817年出生于美国马萨诸塞州的一个小镇。1845年，他跑进小镇附近无人居住的瓦尔登湖边的山林中，在湖畔建造了一座小木屋，并在小木屋里住了两年零两个月，其间完全靠自己的双手过着原始简朴的生活。几年后，他以这段湖畔生活的所作所为、所见所闻、所思所想为基点，写出了人类杰出的思想精华《瓦尔登湖》。梭罗通过自己的生活实验，告诉世人不要因纷繁复杂的生活而失去了生活的方向和意义。只有淳朴地生活，才能摒弃内心的焦虑，才能享受到内心的平静、轻松和愉悦。作者无微不至地描写两年多的独居生活，以实证的方式向读者表明：其实不需要很多钱，也能好好地活着，并且快快乐乐地活着。我们的生活状态，既不取决于我们的经济状况，也不取决于我们的阅历，只取决于我们的内心。

2015年秋，苹果公司总裁乔布斯的一段临终遗言在朋友圈被大家频频转发。乔布斯说，在病床上，当他频繁地回忆起自己的一生，发现曾让他感到无限得意的所有社会名誉和财富，在即将到来的死亡面前已全部变得暗淡无光、毫无意义了。他说：现在我明白了，人的一生只要有够用的财富，就该去追求其他与财富无关的，应该是更重要的东西，也许是感情，也许是艺术，也许只是一个儿时的梦想。巨富临终前的感悟，的确痛彻骨髓。在余日无多、壮年早逝的乔布斯面前，最落魄的乞丐都比他富有。这再一次说明了：钱，没有想象的那么重要。

我们需要矫正对金钱重要性的看法，是因为人们不仅孜孜以求地追求金钱，追求财富。很多人为了一夜暴富，甚至沉湎于购买彩票、赌博等小概率事件，指望一夜之间咸鱼翻身，获得巨额财富。这些人不了解的一个事实真相是，这么多年来，全世界通过购买彩票获得巨额财富的人的确有一些，但其中不少人在获得巨额财富后因为欲望膨胀，人性丑恶的一面开始发作，从而让自己坠入放纵、奢侈、追求感官刺激的无底深渊，经过少则不到一年，多则三五年或者更长时间的“不像人样”的生活，最后重新归入贫困境地。此时，这些曾经暴富的人，其生活境遇甚至远远比不上中奖之前的生活。因为在那之前，至少还可以作为一个普通的打工者，过着普通工薪阶层的生活，如今经过几年的放浪形骸生活，这些人基本失去了起码的谋生技能以及平和心态，形同废人了。

这类情况的最新佐证是美国 2016 年 1 月强力球彩票的开奖。此次开出近 16 亿美元大奖，由 3 个州的 3 名中奖者共分。令人诧异的是，大奖奖金还没领到手，据美国八卦杂志报道，加州那位 32 岁的获奖小伙却因嗑药过量，在刚刚购买的豪宅中意外死亡。报道称，这位名叫詹姆斯 · 胡格斯顿的小伙子，在扣除税款之后，总共可以领到 3.27 亿美元奖金。因为获奖后需要 4 ~ 8 周才能真正收到奖金，詹姆斯等不及拿到钱后再进行享受，在得知自己中奖后立即贷款花费数百万美元购买了一栋豪宅，并立即和女友分手。此后不久，在新买的豪宅中，詹姆斯被发现因吸食 1 公斤的可卡因而死亡（1000 克海洛因……喝水都喝不了这么多）。他的朋友说：“詹姆斯迅速就变疯狂了！他先是购买了豪宅，而后是可卡因，还请了 10 个妓女到家里玩。”

这就是金钱的魔性，它让没有能力驾驭巨额财富却又一夜乍富的人失去心智，变成魔鬼。

中国有句古话，叫“横财勿富穷人命”。这话十分唯心，却极有道理。为什么横财不能让有些人富起来呢？并不是有些发了横财的人天生穷命，无福消受，而是因为他们乍然富起来后，主观上并不具备驾驭超过自己原有财富规模的能力，发了横财却守不住财富，从而被贴上或自怨自艾为“没有那个命”。明明是能力问题，却推诿到“命”上面，也够没有担当了。因此，在修炼出更好地与金钱这个魔鬼共舞的能力之前，请不要对金钱寄予太高的期望。

我们是什么样的人，就有什么样的人生

一直以来，很多人认为是生活定义了我们。我们过着什么样的生活，便决定了我们是什么样的人。殊不知，这是一种本末倒置的“想当然”。真实的情境是，我们是什么样的人，就会有什么样的人生。是“我们”定义了自己，这两者之间存在着一以贯之的逻辑关系。

比方说，我们是什么样的人，便会遇上什么样的诱惑。看似被诱惑，实则是自找。因为喜欢，因为羡慕嗜好向往，我们才可能被诱惑。向往金钱的，才会为了钱做那越矩不法的事情。爱好美色的，便会在美色的诱惑下迷失。嗜好权力的，终会在权力的攀爬中不断失去自我与人性。正如哲人所言，我们并非被对象激活了欲望，刚好相反，心底有了流动不居的欲望，才去找寻对象。有人说，这个世界上谁会不喜欢权钱色呢？没有这些东西活着还有什么意义？是的，权钱色，人所欲也；守法安生，亦人所欲也。二者不可得兼，到底舍哪一头取哪一头呢？这就考验一个人的底色与成色了。我们的选择就是我们的品位，我们的选择决定了我们的人生。

很多时候，想比做更要紧。做有时是迫于外力的无奈，心中所想才是一个人的真实意愿。比如，人人都有一份职业，可是人人都

愿意工作吗？估计有很多是生活所迫，一些是骑驴找马，少量是真心喜爱，极少数是工作狂。至于工作狂，是“狂”在工作还是“狂”在名利，只有当事人心里最清楚。想到才能做到，思想走在行动前面。思想是因，生活中所遭遇的一切都是果。

信鬼的，鬼才上门。对于一些超自然的事情，人们常说的一句话是：信则有，不信则无。一个人沾染招惹什么样的事情，只不过是他内在意念想法的外在表现。

人们心中描绘了什么样的蓝图，决定了他将度过什么样的人生。一个人的人生旅程，就是他本人思维的产物。20 世纪日本经营“四圣”之一的稻盛和夫曾说过，心不唤物，物不至。一个人心中描绘的愿景或心中的愿望，或多或少会在他此后的人生岁月中体现出来。

有一句话叫相由心生，说的便是心中所思，会在脸上表现出来。除了外在的相貌，还有内在的“心相”。消极思考的人会长着一副消极的“心相”，引来无力的现实。

人真正的能力，包括能够充分发挥自己能力的能力。这种能力，在学生时代尤其明显。很多人对用功读书的人不以为然，认为他们“死读书”，读得好一点没有什么大不了的。其实能够用功读书也是一种能力，至少表明他有自制力，能够战胜自己懒惰的天性，不让自己偷懒安逸，敢于正面迎击困难。人真正的能力，还应该包括抑制某些欲望、全身心投入工作的克己能力。一个人不管有多大的能力，如果不能战胜自己贪图安逸之心，不肯努力奋斗，不能发挥自己的天赋之才，不能克制某些本能的欲望，让好逸恶劳的享乐之心、权钱色的欲望之枷控制住自己的心魔，那他便有着重大的能力缺失。这一点，很多人都忽视了。

人们在评价成功人士的时候，经常用的一句话是“他能力很强”。通常来说，这句话里所指的“能力”，并不包括能够充分发挥自己能力的能力，这是社会评价体系的重大缺失。正因为有了这种缺失，才会出现那么多“能力很强”的成功人士，栽在了法律这根高压线上，栽在了金钱和美色的糖衣炮弹下，栽在了赌博和毒品的恶魔手里。这是重大的能力短板。经济学上有个木桶理论，说的是一个木桶能装多少水，不是取决于最长的那块木板，而是取决于最短的那块木板。那些在事业的上升期或巅峰期犯了颠覆性错误的人，无一不是被自己“充分发挥自己能力的能力”的短板所击败的。

一个人的所思所想，将会决定他收获什么样的人生，我们应该对自己的所思所想格外谨慎，不要觉得想一想没什么，做一做问题也不大，都是小节，不伤大雅。事实却是，思想也可能夺了我们的命。研究表明，当我们在身体层面或是大脑层面产生某种情绪意念时，我们的下丘脑马上生成一种化学物质，叫做“胜肽”，随着血液进入我们身体的每一个细胞……被细胞周边的上千个感应器所接收。久而久之，感应器对某种胜肽有了特定的胃口，会产生饥饿感。细胞习惯了哪种胜肽，如果我们不喂养这种胜肽给它们，我们的生理需要会促使我们做出这种行为，让能够产生这种胜肽的事情发生在我们的生活当中。也许，这便是各种成瘾的事物的生理学由来。

很多时候，人们就是在我们是个什么样的人上见高低。一个人是什么样的人，便有什么样的价值观，价值观是给一个人是什么样的人的终极定义。冯仑说，马云老讲价值观，大家感觉这事有点虚。但我告诉大家，这是真的，这是保命的本事。如果你不懂这个，你哪天就归零了。如果懂了，“不是那种人”，就保住命了。你有一天一旦忘了，一个不小心真成了“那种人”，那只要一扫黄你就紧张。此言说得极对。像重庆前高官雷政福，还有湖南那些被设局遭到“仙人跳”的官员们，看似被人“钓鱼犯法”，其实无一不是先在价值观上出了问题。

我们是什么样的人，不仅决定了自己的人生，也决定着下一代的人生走势。家庭教育和基因的强大，很多人都不曾注意。事实上，它强大到让下一代几乎等同于父辈的翻版。上世纪八九十年代，有学者在农村搞调查研究发现，在改革开放浪潮中，那些因为父辈是地主而被压制了三四十年的“地主子孙”，一旦大气候好转，往往成为乡村里率先致富的人。这不是简单的血统论，而是活生生的事实。

一个人是什么样的人，就会拥有什么样的人生。反过来说，每个人的人生，都是他（她）自己以一生的时间塑造的。对与不对，好与不好，纯属自找。从这一点来说，每个人的最终结局，都是自己的宿命。

坐别人的车，走自己的路

很多身在职场的人都有这样的郁闷：单位的很多事情，自己做不了主，说了不算，完全是一颗棋子，领导指哪儿打哪儿，打了空炮或打错了也没有任何说法，有时甚至还要以当事人的身份承担本不该由“棋子”承担的责任，令人生出一种浪费生命、所遇非人的感觉。

仅当一颗棋子也就罢了，关键是承担的工作内容和职责跟自己的志向、抱负、特长、爱好等毫不搭界。长此以往，便产生抱负不得施展，看不到未来的感觉，觉得很不如意顺心。有的人甚至会产生这样的想法：决定自己工作内容和成效的顶头上司，简直就是汽车司机，自己充其量不过是搭车的乘客罢了，既决定不了开车时间，也决定不了行驶方向，只能按着司机的意图走。虽然责任轻了，也省心了，总归是由别人来定自己的事业高度和方向，没有畅意感。有心要夺过方向盘自己开，估计还没有这个实力。眼看着年龄一年大似一年，迟迟找不到司机的岗位，难不成这辈子尽当乘客，走不了自己想走的路，一辈子为他人作嫁衣裳吗？一种不甘心的感觉油然而生。

一个有一些特长有一定抱负的人，出现这样的想法很正常。在我们刚走上社会的时候，因为谋得的职业不甚如意，整天满脑子想的便是不想干什么，不想在这个单位，不想做这个岗位，却很少想自己能干什么。就像上面说的，整天想的是不想当只能被动接受安排的乘客，想走自己的路，却不想想自己是否有选择的能力，有没有能耐当个合格的司机，给我们一辆车我们能否熟悉路况顺利驾驶。深入地想一想，做个一直搭车、不断换乘的乘客，是不是也能到达自己想要去的目的地？当了一辈子司机，在左右别人前进的方向的同时，是否也有无法看到别处风景的失落？

扪心自问这些问题，我们可能会对当司机好还是做乘客好有了新认识。在目前阶段，我们的确是由我们的主管上司驾驶的这辆车的乘客，不仅是我们，上司管理的所有员工——我们所在团队的所有同事，都是当前上司的乘客，但我们只是行驶这一段路程的乘客。下一段路程，我们是换一辆车走另一条路；还是继续坐这辆车，但是换了司机；或者自己成了司机，都不好说。在所有的旅途中，我们需要做的，就是当好乘客，按照司机的要求尽乘客的本分，养精蓄锐练好内功。只有这样，在有机会当司机时，我们才会很顺利地上手开车；当车辆无人驾驶时，我们也有能力开着它继续往前走，而不是被动等待新司机的到来，抑或是惊慌失措担心被撂在半路。

有一个朋友，当年研究生毕业去机关工作。开始的好多年一直默默无闻，窝在最底层。这种专业出身、学历又高的男生，刚到一些单位会受到某些精明的同事的提防，因为综合实力强，一旦给点机会，崭露头角的速度会非常快，比起同样条件的女生或条件稍差的男生，这样的后生在单位某些实力派眼中不受待见。这哥们儿相当沉得住气，说了一句至今让我记忆犹新的话：反正我年轻，等得起。他安心地做乘客，直到 30 出头的时候得到提拔。此后，他经历了职业的快速发展，30 几岁成为机关下属单位一把手，几年之后跳槽成为上市公司高管，再往后回归国企，成为特大型央企子公司的一把手。

另一位年轻人面对单位的不如意，则采取了另外的做法。这位年轻人到单位后，看到单位里一群比自己年龄大不少的人，成天嘻嘻哈哈混日子，到了月底也能拿不少工资。自己因为资历浅，没有人脉，干得多，拿得少，似乎看不到前途，待了不到半年便出来了。

这是一个很有前景的行业，如果置身其间踏实干下去，肯定会有收获。可是这位朋友沉不住气，无法想象自己未来几十年置身这样的人事环境和薪水待遇中。尽管朋友们劝他，不要想着会在这儿待10年20年，人不会一辈子固定在一个岗位上，走一步看一步，现在干这么短时间出来没有学到行业精髓，何况这个行业最近这些年正是发展高峰期。可惜他听不进去，决绝地离开了原单位。此后几年一直没有找到合适的岗位和行业，成了一个为跳槽而跳槽的“鸵鸟”。写到这儿我想起一个类似的例子，最终的结果却完全两样。说的是如今的地产大亨潘石屹，当年从学校毕业后，在石油部管道局工作。有一天办公室新分配来一位女大学生，对分配给自己的桌椅十分挑剔，挑了小半天还没选出个子丑寅卯。小潘劝她凑合着用，对方非常认真地说：“小潘你知道吗？这套桌椅可能要陪我一辈子的。”她不经意的一句话深深地触动了潘石屹：“难道自己此生将与一套桌椅共同度过？”后来潘石屹毅然下海，据说与这件事的刺激颇有关系。但潘的下海显然有备而去，积蓄了相当的能量。他后来的搭档评价，潘在房地产方面是“销售奇才”。

这位在新单位干了半年不到即跳槽的年轻人，和潘石屹的女同事犯了同一个毛病：没有发散性思维，没有发展的眼光，过早地将自己的未来固化了。一上车当乘客便以为自己要做一辈子乘客，没有进取的想法也没有积累的企图，很多人就在固化的思维中当了一辈子的乘客。

在一路前行的人生旅程中，我们要操心的，不是坐在别人开的车里，走不了自己的路，而是如何练好自己的驾驶技术和识路本领，以便在机会来临时脱颖而出。即便一直没有机会，长就一身本事的我们，坐在有司机开着往前走的车上，也更从容心安。如果司机哪天身体不适或撂挑子了，我们不至于手足无措，在一旁干着急，可以立马顶上，让汽车继续前行。

对于很多人来说，不是能不能走自己的路的问题，而是走什么样的路，有什么样的目标的问题。当今世界最负盛名的决策咨询机构美国兰德公司，在 2014 年发布了一份中国现状分析报告指出，潜意识里，中国人视他们的生活目的，就是抬高自己从而获得别人的认知。这样一来，一个人就会对保住面子这样微不足道的欲望感到满足。面子是中国人心理最基本的组成部分，它已经成了中国人难以克服的障碍，阻碍中国人接受真理并尝试富有意义的生活。

真是“旁观者清”。兰德公司的报告，一针见血地道出了很多人的生活状态——为“面子”生活，而不是为自己生活。不管是当乘客还是做司机，很多人也是出于自己“有面子”的心理需求，而不是成长为最好的自己的需要。这才是问题的根本。只有那些真正洞悉生活的意义和人生的价值的人，才会明白不能被别人牵着自己的鼻子走，不能被论“职位”排序的社会和他人的看法绑架了自己，即便是坐别人开的车，也要走好自己的路。

人生的“黄连”，不要扒开要囫囵吞下

人生不如意的事十有八九。活到三四十岁，哪个人没有点儿苦衷，经历过风吹雨打；哪个人心里没有本难念的经，尝过生活的“黄连”？

“黄连”的苦自不必言。对于生活赋予我们的这种极苦的“礼物”，我们应该采取什么样的态度？是泰然接受还是哭天喊地？是一口吞下还是反复咀嚼？对于生活赐予我们的无法避免的苦难，我们应该如何对待？如果不能躲避痛苦，我们能不能将它对我们的干扰降低到最低水平？

作家毕淑敏有着二十多年的行医经历。她曾写过这样一段文字，大意是说自己曾经试过黄连的苦，结论是黄连很苦，千万不要化开吞服，整个吞下的话，苦感会好很多。

这是作家亲尝黄连后的金玉良言。对待植物属性的黄连是这样，由此及彼，对待生活中的“黄连”——人这一辈子遇到的痛苦、经受的磨难，又何尝不是这样！

行走职场的人，常常会遇到一些令自己心意难平的事情。升级加薪，这还是些小坎，如果没有赶上，还谈不上有多“心苦”，充其量有些绪意难平罢了。而有一些坎儿，那就是大坎儿了，没有坚强

的意志力就不能将其化解。想想那些位高权重的人，因不懂法或知法犯法一朝沦为阶下囚，落差之大，身为旁观者的我们，即便简单想一想，也觉得有一股寒气从脚底冒起。生活中遇到坎坷的可能性，也是不小的，尤其是如今社会开放过度，诱惑特别多，机会来得容易，没有点定力，便很容易遭上一劫，来一出“仙人跳”。这便有了种种“苦果”。面对人生的“苦果”，我们该怎样吞服？是闭上眼睛狠心吞服，还是心有不甘非要扒开看看，究竟是何种物事弄得自己痛苦不堪？当自身的力量不足以处置人生的“苦果”时，还是闭着眼睛横下一条心整粒吞下更好些，吞下之后便封存它们，让它们烂在自己的肚子里，将它们死死地关在自己心底的“小黑屋”，不去打开也不再触碰。

2015 年春节联欢晚会上，有一个相声节目叫《我忍不了》。其中的一个演员岳云鹏，是相声界大腕郭德纲创办的德云社的职员。这个 14 岁到北京打工的河南小伙子，当过保安，刷过厕所，做过服务员，也干过修理工……岳云鹏说，在一连串的打工生涯中，他最忘不了的是 15 岁时，在一家餐馆做服务员，写错了菜单，为了 6 块钱两瓶啤酒的失误，被一北京大哥用各种言语侮辱长达 3 个多小时。小岳当时为顾客免了单，自掏 352 元饭钱。尽管这样，对方依旧不依不饶，纠缠不休。岳云鹏说，我都给你道歉了，我什么好听的话都说了，你还这样！不光他一个人，一桌得五六个人，全听那一个人在说，没有一个人说差不多得了。十几年后，岳云鹏已经成名成家了，三十多岁的他，对此仍不能释怀，直言到现在还恨那位顾客。岳云鹏自己也说，春晚都上了，按说是一个还可以的演员了，挣得比原来多了，中央电视台《新闻面对面》这么深度的节目都来采访你，你应该说，我不恨他了，我应该感谢他，如果没有他，我不会被开除，没有他，我不会认识郭德纲……但岳云鹏说，他只想说实话。记者问岳云鹏：你把它写进相声里了吗？岳云鹏说：没有。记者问：为什么不写进相声里呢？岳云鹏说：我不敢想，我不想回忆这段。已经有了孩子的岳云鹏，提起这段往事时泪流满面。有人问他，想见当年曾经羞辱他的那位大哥吗？他说不想。

岳云鹏虽然读书不多，却颇具生活智慧。生活赐予他的“黄连”，如果无力承担其苦，那么就封存心底，永不提起。想必如果不是记者深挖，岳云鹏未必会提起这件陈年旧事。他那哽咽的表达，表明他还没有成长到可以轻松放下那一幕的地步。也许他永远成长不到能够从容面对往事的地步，这跟每个人的性格禀赋有关。对于岳云鹏来说，放下是最好的选择。所以他选择了忽略，不去回忆这一段，不把它从记忆中提取出来，作为相声素材的一部分。

从概率上来说，没有多少人的一生一帆风顺，毫无波澜，像一杯白开水一样平淡地过完几十年。工作中遭遇过“黄连”苦的人不少，生活中吃过“黄连”苦的人可能更多。现今社会丰富多彩，使得家庭与感情纠纷多如牛毛。以婚姻纠葛来说，对某一部分人而言，婚外情和婚外性简直有向常规化方向发展的趋势，背叛与被背叛司空见惯，这就造成了许多人间闹剧。只不过如今大家的受教育水平都高了，社会开放了，“一哭二闹三上吊”的戏码少了，但内伤肯定是有的，有的人还相当严重。曾在网上看到好多受过伤害的人说，自己简直不能想那一段，一想到自己家庭事业两头奔波，另一半却在外面寻花问柳甚至双宿双飞，便有锥心之痛，真想穿越回事发之前，在忠诚的婚姻关系中生活。这样的一厢情愿，不过是受伤过重的人的痴心妄想。就像家中至亲刚去世的那段时间，心里总不愿承认亲人已经不在的事实，妄想回到亲人在世的时光。一些感情受到严重伤害的人，有时甚至不能自已，脑子里总是像放电影一样过滤爱人背叛、自己受伤的过程，这真是扒开黄连来品尝。这样赤裸裸血淋淋的面对，除了让自己的嘴巴更苦、心里更痛外，没有任何益处。

俗话说，杀人不过头点地。人生的“黄连”，却有可能让我们遭遇钝刀割肉，生不如死。尽管如此，我们仍要尽量淡化它的苦楚。不管是工作当中遇到的麻烦，还是生活当中遭到的劫难，在没有足够强的能力、足够硬的内心能够直面鲜血时，不要将真相扒开来看了又看。不要将“黄连”扒开品味，那样的行为等同于自虐。

道理可能谁都明白，所以我们在吞服药物的时候都是整粒下咽，断不会自讨“苦”吃。但在吞服人生的“苦果”时，很多人就没有这份理智，让感情占据了上风。人是一种感情特别丰富的动物，有时候容易钻进牛角尖里出不来，怎么也不肯相信自己的信仰只是一个笑话。他们反复咀嚼痛苦，回忆往事，分析过程，令痛苦加倍呈现，令记忆更加深刻，到最后，成了一种有自虐倾向的物种，明知“黄连”苦，偏将“黄连”扒。

时间是最好的疗伤师。在有足够的功力之前，请不要反刍曾经的伤痛，不要扒开生活的“黄连”，将生活赐予的不幸囫囵吞下。想不明白的时候不要去想，想不通的时候不要去碰，等有了足够的定力，足够的智慧，有足够坚硬的心脏，这些年轻时候的不明白想不通，也许就在一夕之间豁然开朗，轻如鸿毛。

执业长达五十多年的兽医吉米·哈利，是英国畅销书《万物有灵且美》的作者。哈利在书中讲了这样一个道理：疾病之所以会带给动物（甚或人类）死亡，往往是因为其痛苦与恐惧已经先吞蚀了患者的生存意志。只要你能除却它的痛苦或恐惧，奇迹时常会发生。痛苦不仅是一种情感，某种程度上，它还是一个杀手，杀死你对新生活的期盼和奋斗，杀死你不同以往的明天。

可见，智慧人生，有时须避开某些痛苦。“黄连”如果不被扒开，本来并没有那么苦；既然知道“黄连”苦，又何必非要扒开？这是生活的悖论。如果我们生存与生活的目的，是为了更加美好，那么我们不必正视甚至强化痛苦，增加不甘之心；忽略它，藐视它，过好原本属于我们自己的生活，创造属于我们自己的美好人生。

嗜欲深者天机浅

人是拥有各种欲望的动物。

欲望分很多种。孔子早就说过，食色，性也。食欲和色欲是关乎本性的欲望。孔子又说，吾未见好德如好色者也，一针见血地点出了人类对色欲的嗜好。人类所有的其他欲望，比如利欲、权欲、物欲、声色犬马享乐欲，都是从本性的欲望生发开来的。

嗜欲深者天机浅。早在诸子百家的经典著作《庄子》中，就有关于这个道理的明确表述：“其嗜欲深者，其天机浅。”

所谓嗜欲深者是指欲望过多过深，深陷欲海不能自拔的人。那什么是天机呢？天机其实指的是人的智慧与灵性，也可以引申为人的机缘与福报。

一个人如果深陷欲海、贪婪无度，就会失去生命中的灵性与智慧，错过人生中许多美好的机缘与福报。反之，一个人如果淡泊名利，生命中的灵性与智慧就会比较丰富，就会得到机缘与福报。过于嗜欲的人，因为总是被欲望遮蔽了双眼，被欲望牵着鼻子走，生命中的灵性与智慧必定不深。清心寡欲的人，由于避免了“欲望”的诱惑，智慧和灵性得以保存。

中国古代帝王很早就认清了欲望对于自己子民的负面影响，所以极力节制民众的欲望。中国传统的“轻商”思维，实际上并不全是对商人的歧视，更非故意造作假装清高轻视金钱，也非不明白创造财富、提高生活水准、使人民安居乐业的重要性，它不过是用来治理民众无形而有效的手段。只有重农抑商，才可以在整个社会造成淡泊钱财的格局，形成“不屑言利”的社会氛围。只有节制了人们在物质上无止境的欲望，才可以保存住人们的“天机”，让人们从性灵上得到提升。那些优秀的文化遗产，正是由“有天机”的人创造出来的。这中间的曲折，非站在权力的顶层不能勾勒和体会。

被后世文人骂了无数遍的宋明理学，其提倡的“存天理，灭人欲”理念，之所以在当时以及后来的历朝历代皇帝老儿和文官体制中都很有市场，是因为它暗中契合了统治阶级的统治术——人欲灭了，天理留存，这个社会便很容易治理。事实上，这一概念在四书五经中已有体现。《礼记·乐记》中即有这样的表达：“人化物也者，灭天理而穷人欲者也。于是有悖逆诈伪之心，有淫泆作乱之事。”当人被物化以后，就会泯灭天理而为所欲为，由此产生种种有违社会人伦的事情。不怪中国人写文章爱掉书袋，动辄引用古人话语，实在是因为上古时期的中国文化，已经有了太多的政治智慧和生活提炼。

老子的《道德经》第三章，整篇展现了老子的治民术：不上贤，使民不争；不贵难得之货，使民不为盗；不见可欲，使民心不乱。是以圣人之治也，虚其心，实其腹，弱其志，强其骨，恒使民无知、无欲也。使夫知不敢、弗为而已，则无不治矣。翻译过来就是：不推崇有才德的人，以使老百姓不互相争夺；不珍爱难得的财物，以使老百姓不去偷窃；不显耀足以引起贪心的事物，以使民心不被迷乱。因此，圣人的治理原则是：排空百姓的心机，填饱百姓的肚腹，减弱百姓的竞争意图，增强百姓的筋骨体魄，长久地使老百姓没有智巧，没有欲望。那些有才智的人也不敢妄为造事，圣人按照“无为”的原则去做，办事顺应自然，那么，天下就没有不太平的了。后人动辄评价《道德经》体现了老子消极的治世观，从某种程度上来说，这未尝不是一种成熟的政治智慧。与我国千百年来封建帝王倡导的重农抑商思想本质上属于同一种智慧。

嗜欲深者天机浅，还因为嗜欲深者对欲望贪婪无度，贪得无厌，已经到了近乎病态的程度。近些年中央大力反腐，揪出来的很多贪官，都是面对中央三令五申仍“不收手、不收敛”的。经过多年的腐败熏陶，“收钱”几乎已经是贪官们的本能了，和吃喝拉撒睡一样成了无法由自己控制的事情，直至一路将自己“收”进监狱方才作罢。家里堆着几辈子花不完的钱，却仍然频频受贿索贿，这样的人不是有病是什么？他得的是典型的“嗜钱欲”的病，不到进去那一刻收不了手。

武强年画中有一幅作品名叫《十不足》，刻画出嗜欲者永不满足的嘴脸：人生在世求衣食，有了吃来缺少衣；绸袍缎褂做几件，回头又嫌房屋低；高楼大厦盖几座，房中又少美貌妻；红粉佳人相陪伴，堂前无子少闺女；丫头小子买两个，行走又少骏马骑；行走骑着高头马，有钱无官被人欺；七品皇堂做知县，小官又被大官欺；当朝一品为宰相，不如面南来登基；面南登基坐天下，想要仙人下盘棋；王禅老祖把棋下，心想玉皇做亲戚；玉皇听说心好恼，袍袖打落上天梯；人心不足蛇吞象，气是清风肉是泥。

年画中描绘的，是一幅活脱脱的人心不足图景。对于嗜欲深的人来说，永远不会有满足的时候。有一句话讲得好，“对于不知足的人，没有一把椅子是舒服的”。他们深陷在欲望的泥潭中，已经丧失了正常人的思维和作为。正因为如此，止学，研究如何停足驻步的学问，才会成为一门高深的学问。

思维的固化

在生活中，我们因为深受传统教育和个人经历的影响，导致在某些方面呈现思维固化的倾向。

笔者有一位年轻朋友，非常机灵，平时做事反应极其敏捷。被很多人视为畏途、因而衍生出很多段子的新手女司机故事，在她那里顺溜得不值一提。很多新司机需要战战兢兢上路、哆哆嗦嗦练手的磨合期，对她来说几乎不存在，学会开车不久就独自行驶两三百公里回老家看望父母了。就是这么一个机灵人儿，刚学会开车的时候，也会犯这样低级搞笑的错误：路遇鸡鸭挡路，不是鸣喇叭示意，而是像平常驱赶鸡鸭一样大声“嘘嘘”。

不独新手司机会有这种自然人的“劣根性”，地域生活习惯不同，一些地方的老司机也有类似的深入骨髓的习性。新疆作家李娟，说过相仿的事情。当李娟坐车从大城市乌鲁木齐返回少数民族聚居区时，那些少数民族司机，开着小客车一路前行至需要慢行的地方，在减速的同时，口中同时会发出“吁吁”的喝马止步声。这得是怎样的一种根深蒂固，才能让牧区司机一边开着“喝油”的小汽车，一边发出了驾驭食草动物的指令。

这是生活赋予我们的烙印，无关好坏，也并不可笑。只不过因为特别有悖于生活常识，才让我们感到触目惊心，忍俊不禁。它说明了经由日常生活日积月累、潜移默化形成的一些思维定势，是多么顽固地存在，并在某种程度上使得我们的思维固化。

这样两个比较极端又很扎眼的例子，说明生活有时候会将我们修炼得形同痴儿，走进令人发笑的境地，却浑然不觉。放眼我们的工作和生活，又有多少类似的烙印，极其不妥，却又被人们视为理所当然地奉为处世圭臬，并且对此熟视无睹呢?

最典型的例子，莫过于“有福同享，有难同当”以及“热心帮助他人，必定得到感激”之类的人际交往观念。这些都是我们这个经济上已经是第一梯队，文化素养及个人修养还在第三世界徘徊的国家里一些人的思维定势。

有福的时候，如果我们愿意，是可以与别人共同分享，这取决于每个人的境界高度。但是，这样的共享并不能绑架他人，奢望他人在我们有难的时候充当命运共同体的角色。说白了，同享福是我们愿意的，我们要是不愿意，谁也不能逼着我们与他人共享富贵。当然你会说，社会风气和传统习俗，要求我们富了贵了要与他人共享。如果不能让自己的亲戚朋友、同学老乡沾光，是要被唾沫星子淹死的。这话有一定道理，但那些人也就喷喷唾沫罢了，如果自己的心理足够强大，完全不用理会。退一步说，即便是在社会舆论和亲情人情重压之下让一干人等沾了光，我们也要明白，将来有了事，人家还我们人情是情分，不还我们人情是本分。从法律上来说，他人没有义务一定要对我们承担雪中送炭的义务。可惜的是，有太多的人悟不透这一点，所以才会上演一出又一出的悲喜剧。在个人的人生起伏中，体会到“平日里门庭若市，有事时无人帮忙”“风光时朋友遍地，失落时门可罗雀”的悲凉。说白了，不过是没有厘清“付出”与“回报”的关系罢了。

还有一种思维误区也非常常见，那就是“热心帮助他人，必定得到感激”。这个社会需要热心人，尤其是需要不计成本、不求回报的热心人。但是帮了别人，和得到别人感激，不是必然的逻辑关系，这取决于对方的素质和品性。这就要求我们看淡这些事情，或者我们在热心帮助他人之前想清楚。如果觉得帮助他人之后得不到感激便受不了，不如索性现在不去展现这份热心。否则，帮了忙，指望人家感激，如果人家不感激，平白给自己添堵，实在不是一件美事儿。与其先君子后小人，不如先小人后君子，于人于己，都更妥当。曾看到新闻报道说，有人在公交车上热心地将自己的座位让给了没有座位的老人、孕妇或带小孩的人，结果有的受惠者心安理得地坐下，没有向让位者表达谢意。个别心胸特别狭窄的人，竟然要受惠者归还座位，由此引发不愉快的争执，将好事办成了鸡飞狗跳的事儿。

如今的社会风气，还有可能走向另一个极端：各地频频上演“热心帮助他人，极有可能被讹诈”的戏码。这一风气最早的体现，是2006年发生于南京的彭宇案。自称是热心扶起跌倒老太太的彭宇，事后被老太太及其家属一口咬定是“肇事者”，被告上法庭，最后输了官司，赔了钱，丢了工作。当事法官“不是你撞的，你为什么送她去医院”的强悍逻辑，也被称作是对社会良知的毁灭性打击。由于此案的恶劣示范，此后各类“撞人”抑或“讹诈撞人”事件屡屡发生，令大家在面对老人跌倒时的第一反应不是上前帮扶，而是绕着走。发展到现在，甚至到了要么先拍照片或拍视频，要么旁边有人作证才肯上前帮扶的地步。这是走向另一个极端了。

生活与工作中，还有很多类似上述种种固定化了的思维误区，需要我们仔细甄别加以修正。我们只有跳出固化误区，才能更加融洽地生活在这个社会里，更加从容地处理人际关系。否则，即便我们再成功，取得再大的成就，也会在某一时刻露出思维的短板。就像上面那位新手女司机一样，即便再机灵，开车技术再娴熟，在驱赶鸡鸭这件事情的处置上，轻易地露出了一个新手女司机的马脚。

无用之用

“无用之用”，这种类似阿 Q 的精神胜利法式的思维，在当下这个物欲横流、急功近利，人人都赶着要升官发财，个个脸上都写着“我不是在升官发财，就是在通往升官发财的要道上”的社会，似乎愈发地不合时宜了。然而如果我们掰开揉碎社会这架机器，便会赫然发现，这样的处世观并不阿 Q，也不鸡汤，确实有它的道理存在。

早在战国时期，庄子就在其名篇《逍遥游》中，提出了“无用之用”。庄子以自然界的事物作比喻，指出“山木自寇也，膏火自煎也。桂可食，故伐之；漆可用，故割之。人皆知有用之用，而莫知无用之用也。”树木被拿来做斧头的柄，反过来砍伐它自己；油脂被用来点火，结果把自己烧光了。这些事物，都是因为自己有用而反过来伤害了自己，所以我们要提倡“无用之用”。在《庄子》一书中，还有“直木必伐，甘井先竭”之语：直的树木先遭砍伐，甜的泉水先被汲干，说的正是“有用之害”，反过来证实了“无用之用”。

庄子的逆向逻辑，后世频频被验证，尤其在一些特殊的历史时期，其效力可能更加明显。比如日寇侵略中国的时候，那些懂日语或有日本侵略军急需的特长的平民，免不了被日本人盯上，被迫为日本人做事。这一污点可能在此后的岁月中被人屡屡提及，在新中国成立后的历次运动中难以幸免。

作为道家学派的主要代表人物，庄子提出“无用之用”，初衷却是推行他“清静无为”的处世主张。用今人的观点看，这是一种消极的处世观，应该批判地看待。不过如今的世情却是，我们很可能已经走到了庄子的反面，过于强调有用之用，回避甚至鄙视无用之用，因此亟须厘清修正。

有用和无用，是一个相对的概念。何谓有用？何谓无用？每个人因自己境遇的不同，会得出完全不同的结论。书本对于读书人是有用的，对于文盲至少暂时是无用的，因为他看不懂；音乐对于爱好者是有用的，对于乐盲可能是无用的。一个对音乐无感的人，无法理解有人为什么愿意花几千元去听一场音乐会。无论如何定义，如今的社会，却有了把一切都往“有用”的方向赶，而忽视甚至轻视“无用”的作用。

因为社会过度物质化，连一个国家的发展状况，也简单到年终以一个 GDP 数字说明。这就使得人们往往以功利的眼光看待世间万物。一切有“功”有“利”的事情，都是有用的，一切无“功”无“利”的事情，都是无用的。所以有人即使节衣缩食几个月也要买一款名牌包包，有人耗竭一辈子心力只为置一栋豪宅；有人无廉耻无节操地钻营，不过是为了一个处长、科长的位置，有人无底线地出卖自己的身体，只为年纪轻轻就可以过上奢侈糜烂的生活……

著名演员陈道明对这样的现象深有感触。他在一篇名为《无用，方得从容》的文章里写道：现在的演员，接受了太多以竞争为主、甚至强调“你死我活”的教育，心理整个就跟着急功近利了。不光演员，现在整个社会都得了“有用强迫症”，崇尚一切都以“有用”为标尺，有用学之，无用弃之……许多技能和它们原本提升自我、怡情悦性的初衷越行越远，于是社会变得越来越功利，人心变得越来越浮躁。

陈道明说得一点没错。过于物质化的结果，是我们轻视那些非物质文化的东西，成为物质的奴隶，整个社会心浮气躁。

这个世界最奢侈的东西，并不是那些昂贵的奢侈品，几万元一款的包包，几十万元一块的手表，几百万元一辆的豪车，几亿一栋的别墅，而是如文学、艺术、音乐、美术这样的“无用”之物。在功利的世界里它们没有市场，百年以后，唯有它们留下。当与我们同时代的人全都化为一抔黄土以后，留在这世上的都是些什么呢？是那些传世的非物质文化遗产，如经典著作、经典画作、经典音乐、经典建筑。

诚如陈道明在上文的后半部分所言：这世界上许多美妙都是由无用之物带来的，一场猝不及防的春雨或许无用，却给人沁人心脾之感；刺绣和手工或许无用，却带给我们美感和惊喜；诗词歌赋或许无用，但它可以说中你的心声，抚慰你的哀伤……

所以说，“无用之用”有大用，这前一个用是指“实用”，后一个用是指“作用”。仅以阅读为例。不止一个成功人士说过：阅读改变人生，他们的一生都是因为年轻时甚至是孩提时代读了一本书改变的。好多人认为这话过于夸张。事实却是书籍的力量绝不可低估。杨振宁在物理学方面的成就有目共睹，可是有多少人知道，将这位诺贝尔奖得主引上物理学道路的，是他初中时阅读的一本课外读物名为《神秘的宇宙》。当今首富马云说：路遥对我的影响最大。18岁时，我是蹬三轮车的零工，是（路遥的）《人生》改变了我的人生。

有人也许会问：“我读过很多书，但后来大部分都被我忘记了，那阅读的意义是什么呢？”那么，请你想一想，当你还是孩子的时候，你吃了很多食物，绝大部分已经被排泄掉了，食物的价值又是什么？食物的价值是，它不仅维持你的生命，更重要的是，它们中的一部分，已经长成你的骨头和肉。阅读对一个人的影响，对一个人思想的改变，也像食物对身体的影响与改变一样。

2015 年夏天，一位高三年级班主任给学生的临别赠言，在微信朋友圈被刷了屏。这位班主任对他的学生说，相伴三年，牵缘一生。为什么很多人成才却不成功，走上社会成功的人往往在校期间并不突出，在校期间突出的人事业又不怎么样？因为人的核心竞争力，有一半以上都是来自专业以外的不急之务，譬如多年阅读累积出的大智慧，长期锻炼得来的好身体，良好的家庭教养内涵，人际沟通表达能力，人脉资源等。

不要小看那些看似无用的东西。在人生的长河中，“无用之用”起大用。

哈佛教授 Michael Puett 写过一篇文章，叫《计划太过理性，反而会引导你走上错误的道路》。这位 48 岁的中国历史教授，开设了一门叫做《古典中国道德和政治理论》的公共课，成为哈佛大学第三受欢迎的课程，仅排在经济学入门和计算机科学入门之后。这个课程要求学生仔细阅读《论语》《孟子》和《道德经》的英文译著，并将书中所学运用于日常生活中。Puett 教授曾大胆承诺：“本课会改变你的人生。”而许多上了这门课程的学生也说：“这门课完全改变了我对自己、对同龄人以及对世界的看法。”“我可以很开心地说，Puett 教授没有食言。这门课的确改变了我的人生。”

Michael Puett 教授的例子，是“无用之用”在今日的经典阐释。

我并不指望这样一篇小文，能够扭转如今遍地可见的急于升官发财的贪欲。只不过希望，当我们功利地汲汲于“有用”时，能够停下哪怕几秒钟的时间，想一想“无用”的用处。

年轻时越折腾，收官时越狼狈

一

这个社会，经过二十多年的高速发展，藏污纳垢的地方实在太多了。当一次又一次地听说熟识的青年才俊、成功人士锒铛入狱时，心中的错愕不是一星半点儿。而当进去之人这些年来的所作所为陆陆续续传入耳朵时，脑海中升起的念头居然是：这么说来，公检法机关抓他并没有冤枉他。那些弄财弄权、左搂右抱，直将单位弄成了自己的小王国，把自己当成土皇帝的行为，放在任何一个法治国家都是不能容忍的。

这样的案例，是国家强力反腐以来，神州大地上隔三差五就要上演的戏码，让我们对“爬得越高，跌得越重”这一俗语有了更加深刻的领悟。

撇开这些非正常生存的个体不说，单就普适性而言，从人一生的社会角色和地位定义，它是一个攀爬到一定高度横盘行走的过程，也是一个达到人生巅峰后能够保持高度便是成功的过程。

这是一个社会学意义上的过程。

这样的过程，因为个体情况的差异，显示出迥然不同的景象。对某些特殊个体来说，攀爬到巅峰后，却因为自我膨胀跌入谷底，想在后半程重新攀爬，却由于世易时移殊难重展辉煌。这样惨烈却屡屡可见的人生，应该作为前车之鉴，为旁人提供警醒。

三四十岁以前的人生前半场，随着个体资质、境遇、运气和努力程度不同，人们之间有了天壤之别。这区别的种种，让一些人在享受同龄人当中佼佼者的喜悦的同时，也会让某些人欲望的猛兽蹿出心际，流露出人性的本来面目，觉得有了潇洒人生的资本。

因为在顺境，因为还在人生的上升期，这样的任性，除了让自己得到满足，觉得成功的人生本当如此外，不会给自己带来什么伤害，表面上看也许对自己没有副作用。作为成功的个体，有足够的能量让自己活得省心随意，不受伤害，身边的人，当然有可能因为自己的任性摆布，遭受创伤。不过据笔者一路观察下来，这类个体，除非成功到令世人无法仰视，强大到躺着也能挣钱，像传媒巨子默多克那样，否则，这样的嚣张，也不过换来一时的痛快。更有甚者，前半场的折腾成就了后半场繁华落尽后的无尽寂寥，以致步入五六十岁进入社会角色的收官阶段时，生活和工作一地鸡毛，狼狈不堪。

因为雄性动物的进攻性本能和社会对男性角色担当的更高要求，使得男人的人生之路更可能跌宕起伏，所谓爬得越高跌得越重是也。所以，以下几例主角均为男性，并非笔者的个人歧视，而是社会情境中某种程度上的必然。

二

A，二十几岁开始混迹于媒体的男记者。因为活络和人脉广，从上世纪 90 年代中期便一直过着呼风唤雨的滋润生活。二十年前的中国人，大多数还在社会主义市场经济这个概念里打圈圈，经济意识刚开始萌芽，还没有太多赤裸裸的经营行为。A 这种天生具有商人气质又善于整合资源的媒体从业者，长袖善舞，勇敢地吃起了螃蟹，成了一干编辑记者中的“财神爷”。记者们经常跟着 A 去外地“走穴”，在本地“蹭会”（指参加各类新闻发布会，拿一个多则五百，少则两百的红包，专业术语叫“车马费”）。A 的日子那是相当地好过，每天钱进钱出不亦乐乎。记者都是神龙见首不见尾、笔下生风的人物，能将这样的人马紧密地团结在自己的周围，跟着自己团团转（当然是看在 A 能给他们带来孔方兄的份上），地方上来了什么领导，立马能招呼相关的记者到场喝酒助兴，这样的气势，令那些跑“部”前进的地方官们俯首帖耳，与 A 称兄道弟。

A 开始看不上自己当年草草结婚的老婆了。

其实他们结婚也没有几年。小孩两三岁，走路还不是特别稳当。

当时的人，不太在意两地分居这种婚姻状况。不像现在，不在同城基本免谈。A 找了个外地老婆，在另一个城市当老师。

老婆人很好，就是有股川妹子的倔强。A 有了想法，当然也不会怜香惜玉了。每年一两次的寒暑假鹊桥相会，住在单位宿舍的年轻同事，便能经常听到两口子的武斗文攻。新来的年轻人跟 30 出头的 A 不熟，也没有老练到能够劝架的程度，婚姻离自己似乎还远，所以对 A 的婚姻状态不甚关心。只知道这样持续了一两年后，A 的老婆和孩子再也没在宿舍出现。而 A，似乎恢复了单身生活，时不时地带女孩回来。过了一两年，竟声称自己已经恢复单身身份。据个别知情同事披露，A 那时并没有离婚，因为老婆向他要 10 万元的分手费，A 不肯。那时 A 过着食有鱼、出有车的生活，一年的交通费据他自己说都有好几万，这点分手费对他本不成负担。不知怎么回事，平时对人挺大方的 A 对即将成为前妻的老婆小气起来，所以离婚的事就拖了下来。

这并不妨碍A过活色生香的生活。老婆孩子不在跟前，眼不见为净，倒也相安无事。也不知是A在花丛中采花了眼，还是女孩子都变狡猾了，其后十来年，虽然女人换了一个又一个，总不见A重开二度春，再次领证进围城。这期间，A早把“包袱”甩掉了，至于给没给前妻费用，给了多少，A不说，外人也不好揣度。

之后十来年，也是北京房价“一年千里”的十来年，从上世纪90年代后期的五六十万一套，到2007年前后的一百来万一套，再到2009之后的一飞冲天。今天，如果手头没有500万，休想在北京并非市中心的区域买一套像样子的二手房。

A自铁了心要甩前妻，便一直计划买房。只不过他的“计划”在一年贵似一年的房价中越来越遥不可及。A的计划一拖再拖，直至快50岁了，退无可退，才在靠近郊区的地方买了套商品房作为落脚点。

在这个过程中，女孩一个个都开溜了。A最后一次带给朋友们看的女孩，是个二十四五岁的姑娘。A从女孩二十一二岁上大学时谈起，彼时A已四十出头了。不过A并不着急，尽管对方的父母比自己大不了两岁。A认为女孩家在农村，家境一般，自己“伪”土豪身份和广泛的社会关系还是可以镇住对方的。三四年后，A在四十五六岁的年纪有了安定下来的想法，结果煮熟多年的鸭子飞走了。A此后再也没有正儿八经谈对象。

这就晃到了知天命的年龄。这么多年，媒体的日子江河日下，很不好过。A的朋友退休的退休，靠边的靠边，转行的转行。这碗饭，越来越不好吃了。打车费至少花了一辆奔驰车的A，如今是地铁和公交车的常客。不仅如此，当年自己照应过的小兄弟，看A过得实在窘迫，找个机会想照顾他一把，让A写个地方企业的排污报道。A去了一趟当地，回来后竟然没了下文。他已经张罗不起来

“走穴”和能将稿子发出来的人马了。小兄弟感叹，A 真是落魄了。

前妻独自带大女儿后，已经另组家庭。女儿考上了一所 211 大学的法律系，2015 年毕业。望着女儿起薪动辄六七千元的工作机会，A 感叹时光不再，物是人非。

B，则是另一番光景。B 当年也是优秀青年。大学毕业分配到国家部委工作，上世纪 90 年代抓住机会下海做贸易，挣了些钱。让 B 大翻身的是搂了这样一把夜草：上世纪 90 年代后期，国企和民企都开始活络，某些地方的国有企业需要民企入资盘活。B 牵线做成了这件事，让一家现金流充裕的民营企业入股国企。B 在这笔交易中以股份充佣金，占得合资公司少量份额。这个新组建的公司后来在香港上市，B 及时出手了一部分股权，获得了 9 位数的现金。

这是本世纪初的事情。那个时候，北京市区的房子才五六千元一平方米。有这么多现金，当然称得上是富豪。朋友们第一次去 B 那位于首都机场附近的中央别墅区的豪宅参观，听闻一套别墅要六七百万元，装修花了一两百万，顿时觉得这是一个巨额到无法让人产生直观感受的天文数字，离自己太遥远。

B 因此过上了不愁没钱花，只愁花不完的生活。小品说了，人没了，钱还在，这是人生的一大悲剧。为了避免这种悲剧，B 开始了狠狠花钱的日子。豪车有了，司机有了，美女也有了。每天一睁眼，想着的就是今天怎么混，兜里常揣着一两万现金。在高档饭店，一办就是几十万元的 VIP 卡。夜总会这种销金窟更不用说了，B 是常客，新结识的客户朋友就往那儿带，拉下那些人的架子再说。在那样的场合，平日里端着再大的架子也要放下来，没有架子再难说的事儿也好说了。有高端的客户朋友，B 还会带上美女出席饭局，以便让大家吃好喝好玩好。这些女人，身份不明，职业不明，类似于前两年盛行的“外围女”，或者就是夜总会的小姐也未可知。

高兴的时候，B 还会给新认识的小兄弟显摆自己的花钱生涯。每年一家人的生活费就在百万以上。加上自己的交际应酬，一年没有两三百万打不住。这是十年前的事情。两三百万的家庭开支，这在每个月都要算计花多少存多少的工薪阶层看来，实在是无法想象的事情。

B 之所以觉得自己有花不完的钱，是基于这样的简单计算：一年就算花个两三百万，十年不过两三千万，几十年才能把手头的钱花完。B 觉得自己一直在生意圈里转，在应酬圈里交际，怎么着也有机会再搂把夜草，做几单业务。所以除了住的别墅和一两套公寓，B 没有置办什么资产。他认为，钱是拿来用的，用起来才是钱，买房炒股理财，都是老土的玩意儿，对他来说，用处不大。

这样过了七八年。B 天天忙得很，朋友多得很，只是不见钱进来，只见钱像长了腿似的哗哗地出去。混了这么多年，B 除了在圈子里博得个富豪的名声，认识了各路人马（多半是冲着 B 的钱来的，美其名曰有投资机会），交往了各色女人，并没有做成什么来钱的项目，反而因项目考察、中介评估、前期投资等七七八八的花销，花出去不少。没想到钱以这样的方式流出去的速度，比设想中的一年两三百万开支快多了。

原来，富豪不是那么好当的。场面拉开了，花钱的速度就由不得自己了。B 第一次有了寒意。

发家后的前几年，虽然也在外面鬼混，但表面的夫妻关系还好。到后来，自己的花花事瞒不了老婆，老婆也不甘寂寞地在外寻找安慰了。等到 B 回过味儿来，老婆的心已如开弓之箭无法回头。也罢，反正有钱，再找女人容易得很。B 爽快地放走了娘儿仨。闺女一直在国际学校上学，高中后去了美国。家产一分为二，身家顿时缩水不少。

过了一两年，B 找了现妻。现妻可不是善茬。找 B 这么个五十来岁的“老富豪”，人家图的就是钱呀，所以也不要怪人家钻到钱眼里了。现妻的一家算是找到了靠山，B 又添了两个孩子。一大家子，全仗 B 这匹只出不进的瘦骆驼。

又过了一两年，B 见熬不住了，决定重新出山。正儿八经的人不敢找，怕一开口就被人看出究竟。找了个机会，与昔日一起吃喝过的小兄弟拉上线。

这么多年 8 位数的娱乐交际应酬费果然没有白花，B 的关系确实多，路子也广，所以貌似 B 还能从这拨资产证券化的浪潮中再搂点钱，尽管不太可能再像原来那么丰厚。这还得归功于 B 这么多年的富豪做派：因为大家都知道 B 是富豪，以为他有钱，一看他在找项目投资，都纷纷拥上来想与他合作。这些人不知道的是，B 现在已经从投资方变为中介方了。他想赚的，只不过是项目成功后的佣金。当年他为了找项目，撒出去的佣金不知有多少，如今轮到自己做掮客了。B 已落魄到了——车子只剩下一辆路虎，司机已经不雇了；别墅早已不住，搬到了市里的公寓。B 清楚，如果不赶快行动起来，只怕将来那套别墅也要拿来换成买米钱了。尽管别墅价格已经从七八百万涨到了如今的五六千万，那也架不住坐吃山空。B 对自己的掮客生意丝毫不敢掉以轻心。

前妻及两个大的孩子，早已淡化为一道背景。她带着两个已经上大学的女儿，找了一个似乎还高大上的男人，加上离婚分得的财产，日子不会比原来的“富豪”日子差。倒是 B，眼看着一个三岁一个一岁的小娃，感觉需要奋斗的日子还很长。

在外人看来，B 修身养性了不少。原来跟朋友联系，三句话不离女人，微信上给朋友发的动不动也是裸女图。现在倒好了，女人的话题早已不谈，微信上成天发的也是行善积德，信佛人生的鸡汤，遇到相熟的朋友口口声声表示要过小日子。

B 现在对挣钱的事特别着急上心，拉着一个又一个项目找投资方，总盼望着能尽快做成一单生意让自己手头宽裕些。B 是如此的心急火燎，以致当年的小兄弟都看不下去了，直言还得看项目资质，不要挖到篮里就是菜，剃头挑子一头热。

前妻要是看到 B 现在的做派，估计少不了感慨。

C 那呈抛物线形状的人生道路，则更让人感慨万千了。C 作为前政府高官，前半辈子的经历简直可以用“祖坟冒青烟”来形容。按原来的运行轨迹，C 干到退休混个正省部级领导没有太大问题。且看他的履历：小县城出来，上世纪 80 年代的大学毕业生，毕业即分配到专业对口的部委，不到 30 岁成为国务院某部委最年轻的副厅级领导，40 出头成为国务院重要部门办公厅主任。赏识他的领导已升为国家重要领导人。他的再次升迁，指日可待。

这一路上升的凯歌在 C 44 岁那年戛然而止。那一年，C 包二奶养私生子的事儿不知怎么被捅到了纪委。连带的，经济上的问题也暴露了。就 C 那点收入，怎么可能养得起二奶私生子？何况还将他们养在国外，避人耳目。

本来 C 已经计划好女儿上大学后就跟妻子离婚，此时也已在筹谋。当年对领导干部私人生活的要求好像没有现在严，似乎单有二奶私生子不足以法办当事人。因为这可以说是道德问题，如果当事人的妻子不主张权利，单位似乎并无必须办理的必要，但有贪贿行为性质就不一样了，因为他明显地触犯法律。C 这下子算是一竿子撸到底，从堂堂的部委办公厅主任一下子成了无业人员。

毕竟在国家机关当了多年的少壮派领导。C 刚“被下海”时很快找到了一家有国资背景的企业做管理，日子似乎过得不赖。一两年后，不知是 C 这种将“当领导”作为自己专业（大学及工作后几年的专业知识扔得太久，早已赶不上时代的发展了）的人不适合在企业做管理工作，还是其他原因，C 并没有在这家企业待下来。几年后，携妻带子前往香港打工。

香港是一个高度市场化与物质化的社会，C 在那儿过得怎么样不得而知。前两年，有内地熟人去香港出差，竟然在一家公司的业务介绍会上碰见了 C。从与会人员的座位安排看，C 在这家公司位置并不很高。沦为打工仔的 C 早已没有先前的意气风发，热络地与熟人攀谈，留下联系方式。言谈中透露的信息表明 C 似乎有了两个小孩，小的尚在幼儿园。

熟人回来后与认识 C 的人谈起，都不胜唏嘘，感叹人生无常，却也没有多想，觉得打工生涯自有其价值，前政府高官 C 远离政治中心在商业之都谋生也挺好。一两年后，微信兴起，C 加了熟人的微信。大家这才发现 C 的精神世界，已经有了颠覆性改变。每个人的微信朋友圈，可能都有那么几个人，成天发些没有什么价值或不着边际的内容，频率之高让人无法忍受。也许是在香港太过寂寞，年过 50 的 C 就这样成了一个“吐槽男”。熟人最后忍无可忍，终于将 C 拉进黑名单，清净自己的世界。

如果不是很早就认识 C，大家也不会有触目惊心之感。这样的逆转，仅隔了五六年而已。

三

有人说，50 ~ 60 岁，是一个人的第二个人生。人们在前半场所创的一些功或造的一些孽，都要在 50 ~ 60 岁这个后半场收获或收拾。对于安静本分过日子干事业的个体，50 ~ 60 岁不过是人生的收官阶段，是一路攀爬到横盘甚至掉头向下的自然过渡，是事业的回光返照期也是晚年人生的筹划期。对另一些人来说，这是一个狼狈不堪、差点儿露出底裤的年龄。那些年轻时折腾得越欢的人，老来的境遇越惨。甚至现世报到等不及老年的到来，在四十七八往知天命的路上奔时就开始颓态毕现，从云端直坠尘埃。这样的下坡路并不是一夜之间转折的，只不过春风得意多少年的人因为惯性，没有及时发现罢了。

像这样临老“返贫”的现象，原来尚不多见。因为整个社会从风气到经济的全面开放，让人们能够尽情尽兴地折腾，也不过是最近十几年的事情。随着经济的跌宕起伏和人类本性中喜新厌旧的德性作怪，这样的事例估计往后不会少。

底线不碰，将来无悔

进入 2016 年，原本以为“老虎”已经被消灭得差不多的老百姓发现，新一轮的打虎潮正在涌来，省部级官员落马的消息频频传来。看着一个又一个前一刻还在台上意气风发地作报告讲官话（经典的便是原国家统计局局长王保安，前一刻还在吹风会上代表国务院就经济形势表态，会议结束即被中纪委官员拦下“双规”），在一省一部居于屈指可数的几人之下，高居几千万人之上的省部级领导，隔天便因为违反党纪国法成了阶下囚，老百姓在佩服这些官员的演技的同时，也感慨他们曾经做了不该做的事，碰了不该碰的高压线，愣是让已经冒了青烟的祖坟蒙羞，有了今日的难堪下场。

我们在社会上行走，是否发达能否发财都是第二位的问题，是财富后面的 0，人身安全性才是第一位的事务，是财富最前面的 1。一堆 0 没有意义，只有加上前面的 1 才有价值。这是谁都明白的道理。但心中明白并不等于行动中警醒，尤其是前些年对官员的管理没有现在严格，总有人抱着侥幸的心理频频踩线，将升官发财放在第一位，将人身安全问题置之脑后，这才有了他们今天的人生滑铁卢。这些心怀侥幸的人全都忘了，现在不出问题，并不代表以后不出问题。侥幸混过一时，还能侥幸混过一世吗？多少人就是被自己的侥幸心害得一无所有！

心怀侥幸是很多人跌入万劫不复深渊的根源。而真实的生活，虽然没有像数学那样一加一必定等于二，但放到一辈子的时间轴，侥幸能够“成功”的事情并不多。为了活得安全，活得安心，有必要从一开始就为自己设置高压线，明确底线。饶是我们如此警醒，还免不了很多时候，他人会一点一滴地消磨我们的底线。当我们没有底线的时候，就完全被别人控制，成了别人手中的牵线木偶。

人非草木，怎么当得了无情木偶般的角色？所以对那些或主动或被动当了木偶的人来说，与牵线人（控制者）翻脸或自己出事是迟早的事情。为了避免出现“翻脸”悲剧，须得早早设定自己的底线：当官的，底线是不受贿索贿，不触犯刑律；有家室的男女，底线是不在外面乱搞，不让家庭鸡飞狗跳；做学生的，底线是不混日子，不虚度时光；做员工的，底线是对工作负责，不敷衍搪塞。

之所以强调要不碰底线，是为了将来不后悔。世上没有后悔药，事到临头悔也无益。假如我们碰了底线，索贿受贿，在外乱搞，混日子游戏人生，投机取巧骗领导，这就在自己身上安放了一颗定时炸弹，不知何时会引爆。

陈云曾在上个世纪五六十年代长期主抓全国的财政经济工作。2015 年，陈云长女陈伟力在接受记者采访时说：“在经济上一定要干干净净，做人要老老实实、本本分分的，不该知道的事儿不要问。公家的钱一分钱都不能动，今天不查，明天不查，早晚有一天会查的。”这是她父亲一直教导他们的。陈伟力说，父亲身边有一个工作人员，从东北就跟着父亲，一直到解放初期复员转业。他临走时父亲交代他的也是这句话。后来他来看望我父亲时，非常感激我父亲。他说：“首长交代我的事儿，我一直牢牢记着。我周围很多同志都在经济上犯了错误，公家的钱我一点儿都没沾，所以我一直没有出过任何事情。”

中国有句古话叫“秋后算账”。其实不是谁有意地跟谁过不去，要算后账，而是老天爷要算后账，自然规律要算后账。为了免遭算后账，我们要谨慎地画好生活和工作的底线。底线不碰，将来无悔。

一个人的底线如何，其实跟他所受的教育、他的修养，终极地说，跟他的世界观、人生观、价值观有极大关系。有些事情，有的人可能觉得无所谓，有的人就会视为禁脔。比如吃点拿点，有的人会认为这样的做派没有问题，有的人就会坚决反对；乱搞男女关系，有的人会认为这是小节，无伤大雅，有的人却认为此事关乎忠诚，是可忍孰不可忍。

冯仑曾说过，当初在海南，经常陪生意伙伴去 K 歌。歌厅里有两种女孩，一种是小姐，一种是服务员。我就问服务员，人家那个一晚上可以挣那么多钱，裤带松一松，胜做十日工。干一次能挣 400 块钱。你这端盘子一个月也挣不了多少，你们怎么不干那个？海南的服务员说，“我们不是那种人”。然后就转身生气地走了。于是我就一直在琢磨她的这句话“我们不是那种人”。哪种人呢？生理结构都是一样的。这就是观念。“我们的想法不是那样的想法”。由于想法不同，天天看见那么多钱在眼前晃，人家就不会有动于衷。

就是因为这点原则，很多人才能平安活到今天。如果这点原则突破了，就真的死翘翘了。因为多少人都出事了，扫黄扫了多少轮了？夜总会、发廊被抄了多少了？你今天还在，就是因为你没干那事。这就是理念不同造成的不同结果。

冯仑说，马云老讲价值观，大家感觉这事有点虚。但我告诉大家，这是真的，这是保命的本事。如果你不懂这个，你哪天就归零了。如果懂了，“不是那种人”，就保住命了。有一天一旦忘了，一个不小心成了“那种人”，那只要一扫黄你就紧张。

冯仑也好，马云也罢，这些商业大佬想要强调的都是一个道理：涉及底线的问题，绝无商量的余地。有些事绝对不能做，有些价值观绝对不可含糊。这是一个人安身立命的根本。即使成功如冯仑，大富如马云，也在这个问题上持有坚定的态度。因为他们深深知晓，小心驶得万年船，小心开得万年车。

当一个人手中的权力变大的时候，需要明确自己的原则，无论附带什么目的，都不忘注意自己的责任。并不是要求作为掌权者一定要公正严明，但是绝不能无知地乱用手中的权力，一定要给自己画一道“安全”的底线。扩而言之，当一个人到了一定年龄，掌握了一定资源时，更要有底线，因为我们不再是一无所有的年轻人。我们输不起，时间不站在我们这一边。

陈道明说过这样一句话：做人的最高境界是节制。可能有人会觉得这话说得有点过于装腔作势，因为陈道明作为很早就成名成家的实力派演员，妻子是人品学识一流的杜宪，什么都有了，却在这儿大谈节制，这就好比天天吃鱼吃肉的人，号召还在为温饱奔波的人们要适当饿饿肚子。但在我看来，陈道明并没有装，他说的是人生至理。所谓节制，便是有所为有所不为，也就是有些东西不碰。不是没有能力碰没有机会碰，而是主观上的节制，自己不去碰它，比如黄赌毒，比如婚外情。陈道明作为大明星，一直以来没有绯闻没有是非，估计跟他的做人宗旨有直接关系。如果我们知晓近几年来，有多少名人、明星、主持人、艺人因自己的无底线不节制，栽在“朝阳群众”手中，便会对陈道明的话深有同感了。

2013 年 8 月，在网上拥有上千万粉丝的微博红人薛蛮子，被北京警方抓获。“平安北京”发布消息称：“2013 年 8 月 23 日，根据群众举报，朝阳警方在安慧北里一小区将进行卖淫嫖娼的薛某（男，60 岁）、张某（女，22 岁）查获。”从此之后，“朝阳群众”的出镜频率与蹿红速度直线飙升。从 2014 年开始，李代沫、张元、宁财神、张耀扬、高虎、尹相杰、王学兵、张博、黄海波、王全安、中央某部委一副处级干部等，均先遭北京市朝阳区群众举报，后被警方查处。“朝阳群众”最近一次亮相是在 2016 年 2 月份，被举报的对象是上世纪 90 年代即声名鹊起的女演员傅艺伟，在北京市朝阳区某公寓内吸食毒品。

古人早就有关于底线的论述。老子在《道德经》中说，知足不辱，知止不殆。有千古绝学之称的隋朝人文中子的著作《止学》，更是将知止的智慧研究到了极致，到今天还被许多人奉为处世圭臬。

大智知止，小智惟谋，诚然。

第二章

成功很简单，只是人复杂

办大事以找替手为第一

三四十年的改革开放岁月，让我们的生活变得多姿多彩，与改革开放前“供给制”环境下的生存有着天壤之别。

不仅生活多彩了，精神面貌也多元化了。单就对毛泽东的评价，就有非常多的话语。不管人们对毛泽东的认知如何不一致，但有一点大家都是认同的：毛泽东是古往今来，全世界罕见的雄才大略的政治家。

一代伟人，也有自己的精神偶像。毛泽东曾经说过：“愚于近人，独服曾文正。”曾文正即曾国藩，为晚清四大名臣之首。虽然未能力挽清朝这座将倾的大厦于既倒，但其为人处世为官治家之道，备受后人推崇，被称为“修身齐家治国中华千古第一完人”。在曾氏的做事原则中，有一项至为重要的关窍，即办大事以找替手为第一。也就是说做大事一定要有备选方案，办大事一定要有备用人选。这是曾国藩这个老作手的经验之谈。

替手即备胎，它和现在找对象动不动找备胎意思不一样。找对象没有紧急、危险到需要思虑周全地准备备胎的程度，但办大事，一定要留后手，有退路，有备用方案、第二人选。

俗话说，有备无患。何况在智者的眼里，成大事者，都是先虑败，再虑胜，从来就没有绝对的“必胜”。在很多人的处世哲学里，却没有这根筋。人们常常打着走一步看一步的旗号，走到哪里算哪里，美其名曰“脚踩西瓜皮——滑到哪里算哪里”。这种处世哲学，在平时固然不会有什么问题，因为需要备份的时候毕竟不多，大多时候都是顺风顺水，一马平川。然而在意外来临时，在办理大事时，有替手和无替手、有备选方案和无备选方案，差别可就大了去了。

为了解决教育公平的问题，从上世纪90年代初，广州、北京等大城市对义务教育阶段的升学实行电脑派位，由电脑随机抽派决定学生去学区内的哪所学校就读。这个办法的确解决了公平问题，却又派生了其他问题。由于教学质量差距巨大，很多家长会充分利用教育部门给出的种种升学途径，外加动用社会关系，想办法帮助孩子升入所在学区的理想学校，以避开最终由电脑“派”到某所教学质量一般的学校上学的命运。由于方案的不确定性，在关系到孩子今后几年在哪所学校上学的关键事务上，理性的家长会考虑至少两个方案，以免目标落空后沦为“派位生”。另一些见识没有那么深远的家长，在第一次面临这样的择校运作时，往往只准备单一方案，一棵树上吊死，难免有个别孩子出现一脚踏空操作不成功的情况，从而让孩子遭遇人生的第一次“滑铁卢”，自怨自艾好多年。

E就曾因为没有准备第二方案，让自家的孩子经历了一场有惊无险的小升初。E的孩子还算优秀，早早地在目标学校的“坑班”（即课外培训班，目标校一般会在这些班里挑选一些学生录取，按录取学生的多寡被家长分为“金坑”“银坑”“粪坑”，有懂事早的孩子到了五六年级，会主动要求家长为自己报“坑班”）上课。因为一直绑定这个学校，其他学校的招生活动参加的少，除了参加个别学校组织的全市好几千学生参加的“海选”，并没有被哪个重点学校选中，只有某重点校开办的民办校，事后来电话要他们去草签一份协议。这是一种预录取。这些民办校知道很多学生拿自己做备胎，所以早早地大面积撒网，网罗大批优质学生，意图从中抓住一些升学失利的漏网之鱼。此时目标校尚无消息。E 跟老公商量是不是去一趟民办校。这个学校在学区里除了那几所重点中学外，算是好的了，据说三年以后也有三分之一多的学生能升入对应的市重点高中。可惜那时 E 没有经验，而 E 的老公又是那种头脑简单的人。他觉得孩子进目标校应该没有什么问题，遂否定了 E 的提议。那一年，不知怎么回事，目标校的录取工作迟迟没有消息。眼看离教委规定的结束录取时间越来越近，几乎所有市重点、区重点学校都已用完自主招生名额，E 孩子的目标校仍无任何消息。这意味着如果去不了目标校，极有可能沦为电脑派位生。电脑派位的情况，E 很清楚。派位指向的学校，有两所全区垫底，有两所区重点。现在每家基本上都是一个孩子，谁也不敢让自己的孩子轻易被电脑指派，那样极有可能去了垫底校。正因为概率的可能性，在 E 的孩子就读的这所小学，每年最终通过派位升到初中的，不到三分之一。E 此时如坐针毡，夜不能寐，自己升学的时候都没有这么焦虑过。到最后，12 岁的儿子也沉不住气了，问怎么没有学校来电话。

这个时候，E 狠狠地责怪了丈夫，发誓以后有类似的事情再也不听老公的了。

忐忑中到了教委规定交升学卡的前十来天，目标校终于动起来了，E 的孩子如愿升入理想的学校。这一场虚惊，历时一个来月，让 E 深深地长了一个教训。

有的孩子就没有这么好的运气了。E 的孩子有一个同学，目标校是另一所市重点中学，早早地绑定了这所学校，上了学校的课外培训班（即“坑班”）。升学过程中，跟 E 的孩子参加了同一所民办校的招生考试并被录取，也是用作备胎。不同的是，他们还去民办校草签了意向书。在目标校杳无音信的最难熬的那个月，E 甚至羡慕他们有个备选校拿在手里。因为知道很多孩子拿自己当备胎，在各重点校点招得差不多，距教委要求学生上交升学卡还有一个星期左右的时候，这个民办校卡住时间点，通知草签过协议的家长前往学校缴纳 3000 元入学诚意金。届时如果毁约不去，费用不退。那时 E 的孩子已有着落，她想劝那位家长交了这笔钱，这样万一有什么情况也有一个次优的选择。但她最终没有行动，因为那位家长似乎非常笃定，觉得自己的孩子上目标校没有问题。现在是一个八仙过海各显神通的年代，谁也不知道谁的背景有多深厚，只知道小升初这道坎水很深，也许人家另有门路也未可知。那位家长最终没去交那笔钱，意味着拒绝了这个二类校。

后面的事情出乎意料。这位同学始终没有等来心仪学校的录取信息，派位到学区里的垫底校。有一段时间，这个孩子都不愿意跟小学同学来往。对于孩子来说，他觉得被现实“闪”了腰。尽管一年后家长给孩子办了转学手续去了某所区重点，这经历的种种，仍让孩子承受了没有“备胎”的挫折。

搞管理的人说，看一个单位运转是否成熟，要看它有没有完善的接班人体制。一个单位的一把手再能干、再成功，没有培养出合格的接班人，这样的领导也是有重大缺陷的。很多意外无法预料，想要一个组织永续良好运转，必须要有成熟的备用人选。

正因为备用人选如此重要，国家一直非常重视备用人选的选拔和储备。2002 年颁布实施的《党政领导干部选拔任用工作条例》明确指出，“党政领导班子成员一般应当从后备干部中选拔。”何谓后备干部？是指各级党委按照干部管理权限，根据有关选拔标准和选拔程序，选拔出德才素质好、有培养前途和发展潜力的优秀干部，为上一级领导班子补充干部而准备的后备人选。事实上，这一工作早在 30 年前就已开展。1983 年，中组部发布《关于建立省部级后备干部制度的意见》，成为后备干部制度正式确立的标志。现在的领导干部群体中，有不少就是当年被选为后备干部，经过组织多年的培养、考察，如今才逐步走上重要的领导岗位。

有人曾经对世情百象和应对策略做过这样的总结：登天难，求人更难；黄连苦，贫穷更苦；春冰薄，人情更薄；江湖险，人心更险。知其难，甘其苦，耐其薄，测其险，可以处世矣，可以应变矣。办大事以找替手为第一，正是对世间事务的正确评估，对重大事件作万无一失的“有备无患”安排。

出场，你就胜了八成

这个世界，有很多人，不说蠢笨如牛，资质却也绝对平庸。不曾想在社会上走下来，“笨牛”的那些拥有聪明头脑、做事绝对干练的儿时玩伴，一个个都被生活压成了“中年闰土”，最好的也就是个高级打工仔，而“笨牛”这个昔日众人眼中的“阿答宝（江西土话，意为傻瓜蛋）”，却成了最出类拔萃的人，成为世俗意义上的成功者。这样的逆转绝不能简单地归结为呆人有呆福，也不是什么大智若愚、大愚若智的规律在起作用，而实在是“阿答宝”也有他自己的一套。只不过他的那一套在众人眼中太过实在，类似缺心眼儿，所以引不起我们的关注罢了。

稻盛和夫是日本四大“经营之圣”之一，也是迄今唯一在世的日本经营大师。作为两家世界500强企业（京瓷和KDDI）的创办者，他有自己独到的经营哲学，并在50年的时间里亲身实践。国学大师季羡林认为，稻盛和夫是稀有的既是企业家又是哲学家的人物。当然，作为成功者的稻盛和夫必然有其过人之处，被称作这“家”那“家”应属实至名归。不过，季大师恐怕想不到，早年的稻盛和夫差不多也是个“阿答宝”。

用现在的流行语说，稻盛和夫当年绝对是学渣一枚，初中、高中、大学考试常常不及格。他原本想当个医生，这个需要学习很多知识的行当当然不那么容易进入，于是他只能退而求其次，最后在一个陶瓷厂找到一份工作。打工生涯并不顺利。工厂濒临倒闭发不出工资，员工士气低落，常常以罢工来宣泄。跟稻盛和夫一起去的 4 个大学生全辞职了，一根筋的稻盛和夫却留了下来。不仅留下来，还全身心地投入到工作当中。他吃住在实验室，不断地想，不断地去思考，一次又一次地在头脑中模拟推演。后来，那些开始只出现在梦境里的东西逐渐清晰了，最后，梦境与现实的界限消失，难以想象的事情发生了：既无知识和技巧，又缺乏经验和设备的稻盛和夫，搞出了世界领先的发明，给快要倒闭的工厂带来了生机。这便是几十年后如日中天的日本经营大师的起步之旅。

也是在几十年后，稻盛和夫将自己的成功秘诀写在了一本书里。这本书名叫《活法》。

《活法》是稻盛和夫的代表作，被誉为日本 21 世纪励志第一书。《活法》的思想主要源自儒家和佛教，结合稻盛和夫经营的经历与感悟，形成了一套完整的思想体系。在书中，稻盛和夫提出了一个观点，叫“现场有神灵”，这是稻盛和夫概括其经营成功之道的核心，与这个类似的表述还有“答案永远在现场”。

不愧是具有哲学家素质的经营大师，稻盛和夫一句话，点出了生活与事业的真谛：无论是工作还是生活，出场才是最重要的。出场，你就有了八成的胜算。出了家门去上班，我们就赢得了成功的第一步；出现在竞标现场、竞聘现场、各类考场，我们就赢得了八成的结局。其他的两成，要看实力、看运气，也要看规则，但是，不出场，我们永远没有机会。

人们常常觉得，那些人来人往的业内活动没有必要出席，那些说小事开大会的会议没有必要参加，那些没正事儿侃八卦的聚会没有必要往里凑。但往往就是在那样的场合，一些信息传达了，一些决议达成了，一些流言产生了。它们或多或少都将对我们今后的生活和工作产生影响。

历史上的很多事变，都是在重要人物缺席的情况下实施的，很多沧海桑田是在人们不在场的时候露出苗头的。典型的例子，是1957年发起的“反右”运动。由于被严重扩大化，“反右”造成了很多无辜群众的卷入。不少单位职工背景单纯，没有人够打成右派的条件。但“右派”指标是硬性任务，必须得完成。怎么办？那就选吧！可是，大家都是革命群众，选谁也不合适。在拉剧战中，有熬不住上厕所的人就倒了大霉。你在离开会议室上厕所前还是革命群众，等你几分钟后从厕所回来，“右派”的帽子已经被戴上了。这一戴就是二十多年，整整一代人的岁月！这不是笔者杜撰出来的故事，这样的故事在整个“反右”运动中，从南到北，不止一起，看来大家的“智慧”都差不多。

当然，这样极端的例子也只能发生在上世纪政治气候不正常的那段岁月。但在日常生活中，“缺席”对人的一生产生重大影响的例子，到今天也不少见。比较著名的例子，是新中国第一个被公认的天才神童——宁铂。

因为一封推荐信，1977年，13岁的江西少年宁铂成为新中国第一位破格进入大学就读的学生。中国科技大学不仅破格录取宁铂为大学生，并为此成立了新中国第一个大学少年班。“神童”的帽子就此戴在了宁铂头上。

也是这顶帽子压垮了宁铂。宁铂的同学周逸峰说：“进少年班，在当时来看是一件很荣耀的事，一个人在这种荣誉感之下，如果用得好是一种动力，用不好它就是一种压力。”作为一个13岁的少年，宁铂显然不可能有从容应对成人世界的能力。他必须服从人们安排好了的事情，满足媒体围观一位神童的嗜好，譬如他的“七步成诗”；他必须压抑16岁甚至更早即已到来的青春期的骚动，不能说，也无处求教，因为他是宁铂；他还必须无数次与“分数不理想”的现实搏斗，因为他本人的兴趣是天文学，而不是所学的专业理论物理。他确实聪明过人，但他的分数与神话不符，这让有些人觉得“宁铂已经不行了”。一面陷入自卑的痛苦，一面又不得不武装成一个天才的样子——宁铂就在这样的撕裂中失去了自我。

1982 年，宁铂本科毕业留校任教，“19 岁成为全国最年轻的讲师”又是一则抓眼球的新闻。同年，他第一次报考研究生，但报名之后就放弃了考试。第二次，他前进了一步，完成了体检，随后又放弃了。第三次，他又进一步，领取了准考证，但在走进考场前的一刻退缩了。他后来再也没有为自己争取类似的机会。宁铂对别人解释说，他是想证明自己不考研究生也能成功，那样才是真正的神童。他的本科班主任汪惠迪老师和许多人一致认为：他只是过分地惧怕失败。宁铂最后一次出现在镜头前是 1998 年参加电视节目录影，2003 年宁铂做出人生重大决定，出家当和尚，在世人的期许当中销声匿迹。

他的同学、后来成为微软全球副总裁的张亚勤，却走了一条与宁铂截然不同的道路。张亚勤在科大读书时默默无闻。1983 年，他在中科大取得学士学位。两年之后，他又获得了硕士学位。1989 年，23 岁的张亚勤获得乔治·华盛顿大学博士学位。张亚勤后来谈起自己的同学，异常惋惜：我相信宁铂就是在考研究生这件事情上走错了一步。他如果向前迈一步，走进考场，是一定能够通过考试的，因为他的智商很高，成绩也很优秀，可惜他没有进考场。这不是一个聪明不聪明的问题，他也许是怕考不好丢了面子，所以我说他做错了判断。张亚勤举了自己参加高考的例子：那一年高考，我病在医院里，其实完全可以不去参加高考，可是我就少了一些顾虑，多了一点自信，所以做了一个很简单的选择。宁铂就是多了一些顾虑，少了一点自信，做了一个错误的判断，结果智慧不能发挥，真是很可惜。

很多时候，不是你水平如何，能力怎样，关键是你是否出场了。只要你按时出席了会议，参加了考试……你就有可能胜券在握。遗憾的是，很多人直到今天对此还没有清醒的认识。我们在生活与工作中，很多时候经常随意地“缺席”，习以为常，心安理得。殊不知，缺席，就有可能失去机会，失去“被发现”的可能，失去现有的一些东西，失去“向前一步”的台阶。参与就是展现，到场就有机会。无心插柳柳成荫，踏破铁鞋无觅处，得来全靠及时出席。因为出场，也许认识了什么人，也许听说了什么事，也许被什么人发现了自己，也许创造了一次机会，甚至，能够不被打入“另册”成为某类特殊人群。这一切，全在看似可去可不去的出场。

难怪有人说，百分之八十的成功，来自于“出场”。

年轻时不将就，年老时不挑剔

现今社会，过于强调外在的标签对一个人的定义，好像人人都像媒婆般称斤称量，紧着给寻偶的人衡量出身家。平时说起某个认识或不认识的人，常常是三句话没完，就会扯到这些信息：年薪多少，职位如何，职称怎样，有无房车……这一道道横杠画下来，血淋淋地把年轻人画到了社会最底层。

殊不知，年轻有年轻的资本。这样的资本，根本不是年薪、职位、职称、房车所能限定的。年轻人大可不必抱着金饭碗讨饭吃，拥有大量资本却小心翼翼、过分谨慎地讨好那些并无多大成就的老年人和中年人——他们能有目前这点成就和资源，只不过是因为比我们先踏入社会若干年，用时间换取积累而已。要敢于有这样的梦想和誓愿：假以时日，我们取得的成就，一定要比目前这个耀武扬威、给我们脸色看的老家伙高。长江之所以滚滚向前永不歇，是因为有强劲的后浪，一波波地推着前浪往东流。

年轻人最大的资本是什么？在我看来，年轻人最大的资本不是学习能力、充沛精力，而是输得起的时间，和能够承担沉没成本的重新再来的机会。年轻最大的价值是给我们走进死胡同时再走出来另寻他路的机会，使得我们不必像那些老年人甚至中年人那样，一条道走到黑，一根筋拗到底，明知前面没有春天，没有未来，也只能守在那条路上走下去，走下去……因为他们已经输不起，时代不站在他这一边。他们在这条路上耗费了太多的光阴和心血，他承担不起重起炉灶另开张的折腾，承担不起半辈子或大半辈子积累归零。

与一条道走到黑的中老年人相比，年轻人个个都是大富翁，因为他有的是时间和机会，如果他肯奔波、能奋进，谁也不知道他的人生巅峰会在哪一站。孔子在两千多年前就说过："后生可畏，焉知来者之不如今也？四十、五十而无闻焉，斯亦不足畏也已。"俗话也有"莫欺少年穷"的说法，讲的也是年轻人的未来不可限量。

但是年轻的资本不是拿来挥霍的，如果挥霍，它非常廉价，就像春夜美丽星空上绽放的烟花，纵绚烂也枉然，昙花一现后变成一堆余灰；年轻的资本也不是拿来虚度的，如果虚度，它一钱不值，就像一杯白开水，喝了也就喝了，不会留下任何痕迹；年轻的资本更不是拿来将就的，就像跋山涉水去远方，如果开始便将就着穿一双不合脚的鞋，应付这一路遇到的荆棘草丛，那必定走一路疼一路，人生之路走得既艰辛又痛苦。

年轻的资本是拿来选择的，它让我们有试错的机会，有再选择的能力。无论工作还是生活，年轻就是资本，就是万丈高楼平地起的地基。为什么有"男怕入错行，女怕嫁错郎"的说法，那是因为入错行的男人和嫁错郎的女人一样，都折腾不起。时间一长，他们只能像泰坦尼克号巨轮上那些遇难者一样，明知事业或生活都将沉没海底，却无力自救。

在我们对事业和生活有选择权的时候，千万不要将就。人这辈子，最大的选择权是选择配偶，以及决定自己孩子成长的权利。除此之外，都不由自己说了算。即便可以选择单位，岗位和职位由不得自己做主，同事之间的分工与合作更不是自己说了算；即使贵为一把手，也有很多牵绊和掣肘。我们可以选择自己的生活，选择跟谁组成家庭，选择让自己的孩子成为什么样的人。我们的婚姻就是我们未来几十年的家庭内核。

就算到 40 岁才结婚，现在选择和什么样的人交往也是至关重要的。20 岁时因为无聊而约会的人，可能成为 30 岁时的枕边人，还有可能成为一辈子的怨偶。20 岁时随便挑的工作，可能一辈子转来转去都在那个小圈圈。因为无聊和随便，我们轻易地将自己的一生早早地定格在某一个我们并不满意的配偶、并不感兴趣的行业上。将就一时是容易的，难的是将就一辈子。如果确认自己没有将就一辈子的忍功，那就不要在年轻时将就。钱钟书和杨绛琴瑟和鸣的旷世姻缘，曾让我们感慨不已。我们可能想不到，杨绛的原生家庭，对于婚姻有着深刻的认知。杨绛曾撰文说，（抗战）胜利前夕，杨爸爸在苏州去世。杨爸爸带杨绛姐姐等人去苏州之前，曾对杨绛说："阿必（杨必，杨绛最小的妹妹）就托给你了……至于结婚——"他顿了一下，"如果没有好的，宁可不嫁。"这是何等的练达。后来杨必果然一辈子未婚，真是知女莫若父呀！

年轻时不将就，是为了当自己不再年轻时不后悔。在工作与生活的重大问题上，年轻时如果有一丝的将就与勉强，等到年龄大的时候，都有可能后悔不已。但那个时候，你已经动弹不得了——十几年或几十年的岁月，已经将目前所有的一切深深地嵌入你的骨肉，你除了将错就错一错到底，又能有什么样的选择呢？你的确可以抛弃一切再创事业，只是这样人到中年甚至更大年龄时一切归零重新开始，有几人有这样的勇气？又有几人能绝地反击，再创事业？除非有了财务自由不受金钱羁绊，否则，囊中羞涩指着工资过活的人，恐怕不敢有壮士断腕的豪迈。更何况，人到老年白手起家重新站起来，这么多年来，除了褚时健，还能有谁？

年轻时不将就，到了年迈时，我们便要睁一只眼闭一只眼了，我们要学会不挑剔。

生活已经将我们历练得难得糊涂了。不是吗？像卫生状况，原来见灰就想擦，现在可以做到视若无睹了；对于蟑螂等居家常见小虫，原来看见觉得恶心，更不会伸手便捏，现在看到它也能坦然吃饭了，情形紧张的情况下一把捏死也是有的；很多人小时候特别怕打针，到了一定年龄，你会发现打针的疼痛程度还比不上被一只秋蚊子叮咬。年龄大了，心胸大了，容忍度不知不觉提高，对环境、对社会、对他人，很多年轻时受不了的事情，这时已觉得特别平常。

生活也容不得我们挑剔。多少年都这么过来了，好不好的也就是现在这样了，如果自己真的是人中龙凤，眼光毒辣，能力超强，也断不会过得像现在这般呀。目前所有的一切，不都是自己一步步选择的结果吗？工作是自己找的，岗位更是自己能力所及，配偶当年也是自由恋爱，孩子更是从一张白纸开始由爸妈负责绘画……种瓜得瓜，何来挑剔，又如何挑剔？

对于工作和生活中的重大事项，我们要秉承这样的原则：年轻时不将就，年老时不挑剔。这一辈子捯饬的，不过是工作与生活。将这两件大事扒拉好了，人生也就顺意了。

年轻时不要瞎着急

一

自从最重要的生活资料——房子的价格市场化（说“离谱化”可能更准确）以来，社会对个人的评价越发地功利。很多年轻人在“功利”的压力下，容易着急起火，心态失衡。

本来年轻人初入社会，就容易虚急，觉得自己两手空空、一无所有，急于建功立业抓住点什么，社会的功利，更如火上浇油般把年轻人架在火上烤。这样的社会氛围，让患得患失、心怀忐忑成了很多年轻人的固有状态。似乎因为一无所有，从而更怕失去。

为什么现在的年轻人会有种种焦虑、着急的心态？那是因为在社会急遽变化的当口，很多人会觉得未来不可控、不可知，觉得只有抓到手里的“现货”才是归属自己，更何况，初入社会的六七年，时光如水般流逝，事业却有可能还看不到一点眉目。这中间的种种情由，怎一个急字了得。

人怎样才能做到心态好？只有看透了局势，以及对局势有完全掌控的能力。这些，刚入社会不久的年轻人都不具备。

然而，如果我们换一个角度思考问题，估计就没有那么重的得失心了——既然一无所有，还怕失去什么？

再如果，我们逆向思维：假如年轻时便拥有一切——富足的生活，骄人的事业，让我们心花怒放，心满意足，那接下来的二三十年我们干什么？任何美食，如果天天吃，估计吃到最后都要吐了。就像有人说的，任何一位顶级美女背后，恐怕都有一位审美疲劳的丈夫。这也是为什么影视圈的许多成功人士，最后都逃不脱黄赌毒深渊的人性根由。他们太成功太空虚了——衣食无忧、名利双收，更有那一干铁粉满足自己作为名人的虚荣心，所以他们最后只能求助于毒品——给点刺激。

人的一生，本来就是拿来奋斗的，它不是用来享乐的，更不是用来“吃现成饭的”。完全不用奋斗的“成功”人生，其味道寡淡如白开水。好多幼儿园的小朋友都有“抢食”的毛病，那是因为给的食物不甜，抢来的食物才香，这是人类的天性，我们长大后都把它给忘了。绝大多数人都没有含着金钥匙出生的运气，殊不知这也许是我们的幸运：你可知道那些一出生即被安排好一切的人，有时也会羡慕平凡普通的我们，可以从零开始自己干，有着常规而完整的人生体验。

就像任何一个团队、一家公司在刚创建的时候，其成员的短期收益往往处于亏损状态，付出多，收获少，需要有长远的眼光和极强的耐心一样，个体在刚进入社会时也处于负收获的蛰伏期。这是一个积蓄能量的过程。过早的成功，并不是什么好事。有多少人，就是在少年得志、早早成功中飘飘然，然后马失前蹄，或者因成功带来的空虚寂寞而寻找刺激，“无事生非”，毁了还在往上走的事业。

年轻人最大的痛苦并不是一无所有，而是机会来临时自己没有能力把握。正因为如此，我们在看不清方向，没有建功立业机会时要勤练内功。当目前的努力很难找到一个明确的目标，那就成长为更好的自己。既然迷茫，索性就不要东张西望，找自己喜欢、擅长或者未来有志于发展的方向，充实提升自己。在看不到未来的时候，多为未来做努力和准备。这些努力，有的可能一时用不上，有的以后会用上。但有备无患，磨刀不误砍柴工，不能等机会来了的时候，抱着临阵磨枪不快也光的态度，再去准备各色素质与技能，那样的话，用一句俗话来说，真是“黄花菜都凉了”。要相信功不唐捐，天下没有白费的努力。在迷茫的时候，一定要认真多做点事情。走在漫长的人生道路上，有时候会看不清前面的路，这并不是最可怕的事情，最可怕的事情是因为前路不明，便在原地打转，无所事事，虚度时日。

只有事先夯实基础，当机会真的来临时才能立刻抓住。蔡康永说过，15 岁时觉得游泳难，放弃游泳，到 18 岁遇到一个你喜欢的人约你去游泳，你只好说“我不会耶”。18 岁时觉得英文难，放弃英文，28 岁出现一个很棒但要会英文的工作，你只好说“我不会耶”。人生的前期越嫌麻烦，越懒得学，后来就越可能错过让你心动的人和事，错过优美的风景。

美国心理学专家梅格·杰伊，分享了这样一条重要的人生道理：20 来岁的年轻人，不要为你究竟是谁而烦恼，开始思考你可以是谁，并且去赚那些说明你是谁的资本。20 岁就是最好的尝试时机，不管是海外实习，还是创业，或者做公益。杰伊的话，某种程度上是不是可以缓解我们的焦虑感？只要我们想明白了我们可以是谁，并朝着这个方向努力，又何惧外界的那些标签、那些“功利”化评价？好饭不怕晚，好事也不怕多磨。况且我们还拥有他人所没有的资本——重新再来的时间。因此，一旦机会来临，不要怕转型，不要怕犯错误，大胆地试，大胆地闯，大不了从头再来，毕竟还这么年轻。

二

年轻时不要瞎着急，还在于从出生到二十来岁，一直是受教育者的身份。到了二十几岁，需要我们独立思考、认真打量这个真实的世界。如果没有思考精神和鉴别能力，我们极有可能在二十多岁就固定了自己一生的行为模式和思考水平。法国小说《约翰·克利斯朵夫》里有这样一段话：大多数人在二三十岁就死了，一过这个年龄，变化的只有他们的外貌；接下来的日子，他们只是用来模仿自己，说从前说过的话，做从前做过的事，想从前想过的问题，喜欢从前喜欢的东西，日复一日地重复着，而且重复的方法越来越刻板，越来越做作。

年轻时不要瞎着急，我们才能慢慢地找到自己。这个寻找的过程，也是极致体验人生的过程。人的一生如果没有一些极致体验，很难在此后鸡零狗碎的工作中和柴米油盐的家庭生活中找到生活的质感。

中国人对好事，从来都主张越早越好，这可能也是导致年轻人心里急慌慌的一个因素。以前提倡早婚早育，因为觉得结婚是人生的大喜事，传宗接代更是人生最大的事，早生儿子早得福，所以要赶早。正因为有这样的思维基因，张爱玲那句“出名要趁早”才会广为流传。它是很多中国人真实的心理写照，并且可以扩展为：发财要趁早，晋升要趁早，成功要趁早。总之，一切赶早。

趁早成功成名成家了，往后的日子呢？有人说，往后的日子就是享受成功成名成家的喜悦，当一个守成之主啊。说这话的多半是还没成功的主，就像农妇怎么也想不明白皇后过什么日子，估摸着皇后也就是天天有肉吃有新衣服穿吧，她再也想不到鱼翅燕窝虫草人参这种多少两银子一克，又不顶饱的滋补品，那才是人家的当家饭。当个守成之主，并不比在奋斗路上奔波的人容易。更何况，人是“动物”，是会动的，想法时时会变。起初也许想法简单，当成功成名成家后，可能就不那么想了。到那时，我们可能不愿当一个守成之主，而愿意当一个享乐之主，多少明星就这样走向了吸毒淫乱的不归路。因为他成功了，有钱了，有地位了，有名了，他再也找不到追求的目标和方向了，这时再有帮闲的狐朋狗友加以引诱，极有可能由此堕落。王石说过，人在没钱的时候日子还是好过的，因为没钱的时候就想着怎么样才能有钱。人有钱了想的东西就多了，就会想这样的奋斗究竟是为了什么。

过早地成功，的确容易让人马失前蹄。有句话叫“顺风旗不要扯得太足”。少年得志，年纪轻轻便一帆风顺，容易将顺风旗拉足。何况上了顺风轨道，很多时候由不得自己了。当顺风旗扯得太足时，我们已经没有能力将它降速。此时，问题就会出现。所谓乐极生悲，便是如此。

年轻时不要瞎着急，还在于一着急，就有可能做出一些急功近利的决策。这些决策，可能让我们得益于一时，但它对我们的后续发展是有害的。如果因为急中出错，那更是背上了沉重的负担。很多时候，一个错误的影响比十个成功的影响还要大，再大的功劳也会因为时间的久远而淡忘，再小的错误也能跟随我们的一生。也许我们不记得了，别人却没有忘却。以演艺圈为例，某港台演员现在是一个成功的女演员，她的演技与成就有目共睹。据说，她还是一个特别聪明的人，智商高达 130。但是当年，她是靠脱进入娱乐圈的，而且脱得特别彻底。所以后来尽管转型成功，演技很好，但一有个风吹草动，人们必定翻出她那些艳照，将她的前尘往事拿来说道。因不堪被网友谩骂，她曾在一夜之间删除自己的全部微博，并取消全部关注，尽管她在新浪微博的粉丝有上千万。

年轻人可以犯错，但有的错真的不能犯。因为一旦踏出那一步，就没有回头路。特别对于女孩子，天然的生理结构和社会属性让女人在做决定的时候必须比男人更加的谨慎，因为有的东西我们无法承受。

前面提到的那个女演员就是一个很好的社会教材，我们都应该从中吸取教训：做事要讲规则，做人要有底线。有些错一旦犯了，一辈子都会背着这个枷锁。

心理学上还有一个“停留理论”，说的是一个人在什么样的年龄成名成家，他的心理年龄便会永远停留在那个年龄段。过早地成功，除了让我们松了一口气，不再焦虑外，对后续人生的走向，并无太大益处。

三

一个人的才华，要配得上自己的野心才行，光着急是没有用的。配不上的，痛苦；有才华而没有野心，可悲。电影导演李安说过一句特别霸气的话：这世界上唯一扛得住岁月摧残的，就是才华。李安说这句话的背景是，在他成为亚洲最有成就的导演前，他曾经当过六年“家庭煮夫”，靠着妻子的支持才有了后来的成功。大学毕业获得电影硕士学位后，李安没能找到一份与电影有关的工作，不得不赋闲在家，靠仍在攻读伊利诺伊大学生物学博士学位的妻子林惠嘉微薄的薪水度日。在此期间两个儿子相继出生，李安在家包揽了所有家务，买菜、做饭、带孩子……每天傍晚做完晚饭，他就和儿子一起兴奋地等待“英勇的猎人妈妈带着猎物回家”。

面对现实的窘迫，李安也曾一度想要放弃电影，委曲求全改学计算机。林惠嘉察觉到了他的消沉，一夜沉默之后，在上班前给李安留下一句话："安，不要忘记你的梦想。"回忆起这段难熬的生活，李安至今仍然十分痛苦："我如果有日本丈夫的气节的话，早该切腹自杀了。"而林惠嘉是这么看待李安那么多年的赋闲生涯："我一直就相信，人只要有一项长处就足够了，你（李安）的长处就是拍电影。学计算机的人那么多，又不差你李安一个。你要想拿到奥斯卡的小金人，就一定要保证心里有梦想。"

古今中外的智者，对于人生的急与缓问题，也有明确的看法。

据《东周列国志》记载，公元前 7 世纪的春秋时期，秦国国君秦穆公，在请教先秦著名政治家、军事家蹇叔关于建立霸业之道时，问道："诚如先生（指蹇叔）之言，遂可以霸天下乎？"蹇叔对曰："未也。夫霸天下者有三戒：毋贪，毋忿，毋急。贪则多失，忿则多难，急则多蹶。夫审大小而图之，乌用贪？衡彼已而施之，乌用忿？酌缓急而布之，乌用急？君能戒此三者，于霸也近矣。"戒急赫然列在称霸三戒之一。

17 世纪西班牙哲学家、思想家巴尔塔沙·葛拉西安，在其不朽的杰作《智慧书》中，提出了这样一条忠告：不要活在匆忙中。

19 世纪上半叶，美国作家梭罗在其经典著作《瓦尔登湖》里，写有这样一段现在被人们频频引用的话：

弟子问老师："您能谈谈人类的奇怪之处吗？"老师答道："他们急于成长，然后又哀叹失去的童年。他们以健康换取金钱，不久后又想用金钱恢复健康。他们对未来焦虑不已，却又无视现在的幸福。因此，他们既不活在当下，也不活在未来。他们活着仿佛从来不会死亡，临死前，又仿佛从未活过。"

20 世纪著名建筑学家、有"一代才女"之称的林徽因也说：我们要在安静中，不慌不忙地坚强。

年轻时不要瞎着急，还在于人生是一场马拉松比赛，不是急在一时，而要努力一世。谷歌前高管吴军博士，2015 年出版了一本

《大学之路》。在书的前言中，吴博士写道：人生是场马拉松……看过马拉松比赛的人都知道，在起跑的那一瞬间道路是很拥挤的，但是当1/4赛程过去之后，选手们彼此的距离就拉开了，在起跑时占得的那一点便宜到这时早就荡然无存……成功的道路并不像想象的那么拥挤，因为在人生的马拉松长路上，绝大部分人跑不到一半就主动退下来了。到后来，剩下的少数人不是嫌竞争对手太多，而是发愁怎样找一个同伴陪自己一同跑下去。他还说：回过头来看，一些过去比我们读书更优秀，在起跑线上抢到更好位置的人，早已放弃了人生的马拉松，我们能够跑得更远，仅仅是因为我们还在跑，如此而已。

四

年轻时不仅不要瞎着急，还要学会安静、独处，不心浮气躁、扎堆凑热闹。自从上世纪50年代后期开始的大集体时代以来，尽管已经破除了“一大二公”几十年，我们似乎仍旧失去了自己一个人安静独处的能力，流传到世界各地、频频被他国人民投诉的广场舞，是其中最为典型的代表。尼采说过：更高级的哲人独处着，这并不是因为他想孤独，而是因为在他周围找不到他的同类。而我们，却因为害怕孤独，是不是同类先不问，三三两两团团伙伙地急于抱成一团。这固然有天性上的原因。达尔文很早以前就让大家注意一个事实：凡软弱的动物从来没有单独生活的。我们不得不把人类列入这些软弱的动物当中。人类没有其他动物的速度和力气，没有肉食动物的利齿，没有超常听力与敏锐的双眼。因此，人类要想保护自己，就必须学会分工。社会才是人类继续生存的最佳保证。达尔文认同人类社会与社会分工的重要性与必要性，但并没有说人类必须扎堆生活，尤其不必每时每刻扎堆，那样会扼杀我们的创造力和思考力。不过实事求是地说，只有心理强大的人才可以做到独处，心理弱小的人害怕独处，因为他找不到自我。

当下的社会环境，攀比风严重，这也让一些人沉不住气，总想成为熟人朋友同学圈里令人羡慕的对象。他们已然忘了，就像这个世界上没有两片树叶是一模一样的，任何一个人的一生，都是独一无二的，根本无需拿他人做参照系。中央电视台前主持人柴静说：生命不是用来比较的，而是用来完成的。我们更需要的，只是在这个过程中，不断地传播收割自己。虽然有时候这个过程会有些长，但是不要慌。生活没有必要那么分秒必争。觉得乱的时候，就停下来把自己整理清楚，然后再出发。沉住气，忠于内心，生命才饱满。

李瑞环在其著作《看法与说法》中，谈到这样一个例子。

我在天津当市长的时候，有一次安排与大学生对话。对话前，管教育的同志打算找一帮积极分子、团干部、学生会干部，说找那些意见多的人没法控制局面，怕下不了台。我说，就找那些自命不凡的、最有意见的人来对话，连几个学生都应对不了还当什么市长！于是找了一帮有见解的、自视很高的学生对话。结果他们说“说不过我”。我说：“什么叫说不过我？有理尽可以讲嘛！还是你们没理啊，如果有理还说不过我，说明你们本事还是不行啊！”

对话结束时我说：“第一，你们把自己看得太高。你们天天发牢骚、瞎闹腾，其实你们才读了几本书，有多大的本事？第二，你们把自己看得太低。国家花那么多钱培养你们，你们是国家的栋梁，但你们总是把自己放在普通老百姓和旁观者的位置上。”我还说，“从对话中可以得出三个结论：第一，你们当中一定会有栋梁之才；

第二，你们当中一定会有平庸之辈；第三，你们当中难免会出不肖之徒。”这些学生最后鼓起掌来，觉得李市长说到点子上了。

李瑞环对天津大学生的预言，其实也是对年轻一代的预言。

人生如高台跳水，动作越少越安全

如果以跑步来形容一个民族的特性，我觉得我们的民族是一个起跑势头良好却严重缺乏耐力的民族。那句响当当的“不要输在起跑线上”，何止是我们对孩子教育的宗旨，简直是我们的人生金律。这样的民族特性，决定了我们也许一时能够走得快，但却难以走得远。除了耐力有限，我们还有一个特性，那就是喜欢铺摊子，贪大求全，似乎摊子铺得越多人生收获越大。大城市的“摊煎饼”式开发是这种特性的极端表现。这样一路铺下来摊下去的结果，使得我们的人生战线拉得过长，就像打仗一样，战线过长必然有薄弱环节，那就给“敌人”（各种人生风险）以可乘之机。

财经作家吴晓波在其著作《大败局》中说：做企业就如同高台跳水，动作越少越安全。他总结那些失败的企业，发现它们都有一个特点，就是没能抵挡住诱惑，战线拉得过长，以致最后出了问题。

做人也是一个道理。战线拉得过长，想要的东西太多，贪多嚼不烂，“贪”字多一点变“贫”字，最终的结果可能欲速则不达，暴露出命门，“播下龙种，收获跳蚤”。

科学家维纳认为，人类的事情，可以分为两种不同性质的：一类如棋手，成败由他的最坏状态决定，也就是说，一局里只要犯了错误就全完了；还有一类如发明家，只要有一天状态好，搞出了发明，就成功了，在此之前犯多少次糊涂都可以。

人生，既像前者又像后者。如果犯了大错，进了局子，这一辈子当然会比较惨，因为突破了正常人的底线，成为曾经被国家法律制裁过的人。如果在某一领域作出过杰出贡献，确实也可以靠着贡献在世上安逸优哉地生活，比如好多发明家，也许成功地投入生产的发明只有一项，却保证了发明者此后的经济及社会地位。再比如美国小说《飘》的作者玛格丽特·米切尔，一辈子只写了一部作品，却抵很多作家写作一生。

对于绝大多数人而言，这两种情况都不太可能出现，倒是要当心另一种情况，即像本文开头吴晓波所言：人生的战线拉得过长，没能抵挡得住诱惑，以致最后出了问题。

事业和生活是人生的主轴，决定着我们这一辈子的质量。就事业而言，分权力走向和财务走向；就生活来说，有家庭安稳型和追求刺激型。我们在追求人生价值的时候，一定要想明白自己想要的东西，分清自己能要的东西。2015 年，习近平在与中央党校县委书记研修班学员座谈时说，当官发财两条道，当官就不要发财，发财就不要当官。而很多贪官的心里话却是“当官不发财，请我都不来”，秉承这样的理念当官，走着走着，必定走向一条不归路。

要想有个幸福稳定的家庭，就不要想着一路上的野花。有很多人，不少是功成名就的成功人士，在混得人模狗样后，终究改不了吃屎的德性，在外面勾勾搭搭莺莺燕燕。这世上就没有不透风的墙，于是野花可能采到一把，家庭的和美却没有了。有些单位领导，一心想往上走，却又忍不住要跟下属拉拉扯扯。能被扯上的下属哪有吃素的，人官两失或失了一头的事儿便经常发生，尤其是在领导干部的生活作风问题还被严肃考察的十几年前，这方面的问题有可能成为当事人仕途的休止符。曾经听闻这样一件事儿。某单位女领导眼见上司与年轻的女同事走得太近，引起大家私下议论，遂劝告男上司：咱们当领导的在这些事情上要注意，不要让它毁了前途。男上司回答说：咱们都要注意。一想起女上司奔五的年纪，男上司的回答着实令人回味。难怪古人说，劝赌不劝嫖，劝嫖两不交。人性中的某些东西，外人无法置喙。

从一生的长度来看，人的前半辈子都在走上坡路。上坡路上风景好，快到峰顶时更是极目楚天舒，登高望远，风景一览无余。但最美妙的地方往往也最危险。俗话说，高处不胜寒；又说，木秀于林风必摧之。所以高处有高处的危险。林语堂在其著作《中国人》（旧译《吾国与吾民》）里说：一个人随着年龄的增长，会发展一种低飞的才能。所谓低飞，不过是历经世事的老猾俏皮。高飞是儿童的理想，而低飞是老者的智慧。它是历经沧桑之后的轻世傲俗，是透视了人生本质之后的仁慈悲悯，是觉悟了自身渺小的隐忍涵养。但在成为老者之前，气盛的心总是希望爬得越高越好。既然希望爬得高，那就要保存体力，节约精力，不要被一些多余的动作耗费了能量，牵扯了心神。就像高台跳水，在很高的台面上，过多的动作，即便没有意外，也是一种风险。

高台跳水，不仅动作要尽量少，还要选择适合自己的高度。还是吴晓波，曾经问过中国几大首富（每年都有新首富诞生，所以“首富”不止一个）：你们已经有很多钱了，为什么还在赚钱呢？几乎是一样的回答：“我想知道我这辈子到底能赚多少钱。”在减少动作的前提下，他们这样试探自己的赚钱极限是可以的。如果胡里花哨的动作不少，这样的试探极有可能引发企业和企业家的“滑铁卢”。十多年前实业界非常盛行多元化发展，不少原本不错的企业就是在盲目的多元化扩张过程中，因战线拉得过长最终走向衰败。

有朋友说，去海南天涯海角游玩，导游常常叮嘱游客不要靠着刻有“天涯海角”几个字的大石头合影，如果想留影一定要离其远一些。导游意味深长地说了一番话，大意是：当你以为置身于风光极美的地方时，却没有意识到穷途末路已在眼前。人生在任何时候都要牢记，给他人尤其是给自己——留有余地！一个普通的导游都能悟出这个道理，一路前行的人们更应该早早领悟。

汉语中充满了把人生看作演戏的比喻：中国官员的就职、离职被说成“上台”“下台”，某人提出一项略显夸张的计划会被称为“唱高调”……所以有人生如戏的口头禅。即便是演戏，也要演一场安全的戏。因演戏出意外的事故并不少。我们一定要谨记前车之鉴，演好自己的人生大戏。

人生在世，别太用力

我的家乡有句俗话说，某类食物一次性吃得太多或多次吃得太多，有可能造成饮食者对这类食物“过敏”，再也不想吃它了，称这样的情况为“吃伤”了。大意即吃得太多，过犹不及，是谓“伤”。

饮食如此，人生又何尝不是这样？我们在某一方面太过投入，特别是在心智、抗压性、人格塑造尚未完全成熟的青少年时期，对某类事物投入太多、体力精力脑力耗费过大，也有可能将自己拼“伤”，造成后续人生在这方面碰不得，挨不了。

典型的例子莫过于早期的求学生涯。有很多人，小时候十分优秀，长大后却泯然众人矣，人生非但不精彩，籍籍无名，步入社会后的表现，甚至远比当年的差生、普通生逊色。造成这一现象的原因很多，一个重要的方面，就是这些优秀学生，在长达二十来年的求学生涯中过于强调获得的成绩，用力过多，耗竭了自己的体力、精力，牺牲人生的乐趣和追求，“用伤”了自己，这种唯分数马首是瞻的做法，容易造成眼光如豆，养成心态不好、视野狭窄的毛病，整个人显得不够坚强坚定，患得患失，在学业完成后，或被迫或甘愿选择了平庸的生活。

工作当中同样存在这样的情况。有一些人，在初入社会或初到一个岗位时，用力过猛，耗竭了自己的心力和热情。如果后续的接力工作跟不上，或者短期内没有得到期望的认可与提拔，心气大降，虎头变蛇尾，起了个高调唱了个低音，造成断崖式发展。卢梭在《忏悔录》中写道：你初来时的表现，是人们以后据以要求你的标准，你要善于使用你的力气，以便日后可以多做一些工作。很多人之所以后来的表现令人失望，其实可能不完全归因于他的懈怠，初露头角时展示出来的“高分贝”，让大家寄予了过高的期望，导致期望越高失望越大，这才是问题的根本。

生活中更是如此。如果我们需要绞尽所有的脑汁才能讨好某位异性，需要耗尽所有的财力才能谋得一份婚姻的话，这样的付出太过逾矩，这样的婚姻潜伏着危机，因为我们不可能将自己的人生自此一直张满弓，去维持“满弓”状态下俘获的芳心、结成的姻缘。长期拉满弓弦的结果，不是弦断了提前完成使命，就是弦松了无法使用。无论哪种结果，都不是稳当人生该有的结局。

要争取笑到最后，不要指望笑得太早。我们拼尽全力上一所好学校，拼尽所能进一个好单位，千方百计谋得的好岗位，费尽心思求得的佳偶，都要看是否与自己的水平能力相匹配，自己以后能否胜任，看看我们尽自己最大的努力，能否将它干好。人生在世，别太用力。如果我们尽己所能还是无法胜任，这样的学校或者单位、岗位或者佳偶，即使它再灿若星辰，美若天仙，也不该是我们追求的目标。

这样的例子非常多。最血淋淋赤裸裸的，还是教育方面。远的来说，三十多年前以宁铂为首的首届中国科技大学少年班部分成员，最后发展得难比普通大学生。近的例子，某些一线城市少数学校近年来搞的缩短学制、超前发展的“早培班”“少年班”一直毁誉参半，成就了一些孩子的同时也毁了不少如果按正常学制学习本当优秀的学生。

更极端的例子出现在小学升初中的选拔和奥数学习方面。自从教育部门为显示公平公正采用“电脑派位”这种类似抓阄的升学办法后，中国的家长和一些初中学校随即想出了避开这种升学渠道的妙招。家长们想让孩子上好学校，优质学校本身也有招收好生源的想法，双方一拍即合，据说能够考察出孩子进入初中后的发展潜力、考察孩子抽象与逻辑思维能力的奥数，就这样变成了考核学生学习能力和潜力的“试金石”。奥数学习成了很多孩子在小升初战役中制胜的法宝。许多家长功利地逼着孩子学奥数，做奥数题。在校外机构高强度、技巧至上的奥数培训下，一些孩子的确在奥数学习中脱颖而出，这更增强了家长们的盲从及投机心理。说白了，孩子是通过训练形成了奥数思维，离他真正理解，用数学思维真正掌握题意，还有很大的差距。何况奥数学习在某些城市已经超前到了变态的程度。

某一线城市著名培训机构著名小升初奥数老师，从教多年，常年以周末七个班（周五晚至周日上、下午及晚上七个时间段）的强度讲授奥数，思路特别清晰，讲授得法，颇受学生和家长认可。就是这么一位老资历名师，有一次在讲解某道奥数题的时候，竟也一时糊涂无法推导下去，只得从头再来重新推理演绎。并不是说老师的水平不够，如果你在现场，看到题目出得如此复杂，估计也得承认，这奥数学到最后，思维的复杂程度某种程度上已经可以说是“非人类”了。

有个本来比较优秀的孩子，就是在家长的期盼和自己想上某名校的目标驱动下，从小学四年级开始，上两个课外奥数班，外加妈妈每天在家督促做题。一年以后，成效显现，竟然被该市名校“超常儿童班”选中。五年级毕业后直接升入初中，计划在五年内读完正常学制七年的课程。然而，入学不到半年，各项问题一一爆发。先是学习跟不上学校的进度，某些理科按学校的考核标准，竟然只能得很低的分数，远远没到及格线。再后来，这个觉得自己再也无法“优秀”的孩子患了厌学症，也许是以前的过度学习“伤”了他。跟不上学校按超常学生发展设置的课程，孩子还厌学，父母只觉得自己的孩子这一辈子怕是要走岔了。家长了解到，有这种情况的孩子不止他家一个。与此同时，本着对学生负责的态度，学校原本承诺的无需中考直升本校，在观察这拨学生一年后，改成了需要参加中考，学制跟正常上学的孩子一样。这可真要了部分学生的命，不知道几年以后能去哪儿上高中。按现在的情况看，这些学生患了高深的没学好，基础的没好好学的毛病，生米煮成了夹生饭，真不知能在两三年后的中考关口考出什么样的成绩。幸运的是，学校这时刚好开辟了海外教育基地，招收计划在国外读大学的初中毕业生就读。这位同学就和班上的好几位同学一起，转学到国外分校。至于未来的发展，也只能走一步看一步了。原先那种从近万名学生中拔尖的豪气早就没有了，剩下的，只盼着短暂曲折后能尽快步入常规道路。

从某种程度来说，我们的人生，它该是怎么样就是怎么样。我们既不要低估自己的能力，让自己的野心低于自己的才华，才华不得尽情施展；也不要高估自己的耐力，使得雄心远远超过自己的能力，让自己在中途折戟沉沙。稳妥处理这两者的最好办法是，最初的人生，适可而止，不要耗竭。

弱关系才是关键

学生时代上政治课的时候，接触了很多经典的定义。“人是社会关系的总和”，是其中最容易记住最好理解的一句。然而在社会这个江湖上 20 年混下来，发现虽然社会关系是一个人的终极定义，但弱关系才是一个人在社会上成功立足和顺利发展的关键。

美国心理学家梅格 · 杰伊在她的演讲《20 岁一去不再来》里，分享了一条重要的道理：社会中许多机会是从弱关系开始的，不要把自己封锁在小圈子里，走出去你才会对自己的经历有更多的认识。

作为中国人，我们对关系在社会中的重要性早已有了足够的认识。甚至老外也很明了中国社会的这个“明规则”，来到中国学会的第一个高难度单词有可能就是“关系”。他们来此没多久，便明白了在咱们这个社会，要想顺顺当当地把事情办好，得有各种各样的“关系”。

但在我们约定俗成的概念里，所谓有用的关系、强硬的关系、用得着的关系，八成都是建立在“强关系”上。所谓“强关系”，是指建立在血缘（有血缘关系）、亲缘（有亲属关系）、地缘（有地域联系，如同乡）、学缘（基于同学情谊，如同窗、校友）、业缘（同一行业从业人员）等五缘基础上的关系。我们对那些只有一面之缘的、泛泛之交的、点头交情的弱关系，基本上流于表面的面缘。

事实却是，除了至亲，其他的那些强关系，很多时候不抵弱关系。八成看起来关系很铁的亲人，经常在一起吃喝玩乐的朋友，在关键的时候往往并不会给我们提供真正有用的帮助，坦率地说，可能有相当一部分人还很愿意看你有点事情，沾上麻烦……我们的人际交往状况，我们自认为的所谓强关系，是以我们现在的社会地位确定的，它其实并不牢固坚定，一遇到事情，强关系可能立马转化成为路人关系。有一句古话叫“太太死了压断街，老爷死了没人抬”，说的就是很多看似很亲密的强关系，其实是用胶水粘合起来的，情形一变，关系立马脱离。《欧·亨利短篇小说选》中有一句话，一针见血地说明了某些亲密关系的不可靠：你笑的时候，跟着你一起笑；你哭的时候，他一笑了之。

另一方面，大多数我们主观上认为不善于言谈或者看起来并不容易接触的人，与对方只有点头之交的人，只要我们愿意放下身段稍微耐心点与他们交谈，即便很久没有接触了，只要关键的时候不是出于约束他人的原因，很多人都会伸出帮助之手。

因此，请善待身边那些泛泛之交的人。很多时候，我们要想获得某项业务突破、克服某种困境，可能都得依靠弱关系。也许是一次随意的招呼闲谈，也许是急难中的到处求助，也许是广种薄收的业务推广……那些只有一面之缘的、点头之交的、交情泛泛的人，可能就会伸出热心之手，帮助我们，成全我们。这时候，我们会觉得，陌生的“熟人”是一笔宝贵的财富。

“我跟他不熟”，是很多人在寻求帮助、开展业务时，畏惧向不熟的“熟人”开口求助或推广的心理定势和口头禅。事实上，人际交往就是一个由不熟到熟的过程。俗话也有“一回生，二回熟”的说法，所有的“我跟他很熟”都是从“我跟他不熟”开始的。如果一直拘泥于不熟，那人们永远不会相互熟悉起来。

当然，这么说并不是要我们像传销人员一样如狗皮膏药般贴到认识的人身上，无休止地推销产品；也不是让我们成为“事儿妈”，经常有这样那样的事情需要麻烦别人。我在这里只想强调，有很多渠道，可以让我们生活得更美好。不要把自己封闭起来，拒人于千里之外，眼光如豆只盯住自己的一亩三分地，到头来只会过出一种局促逼仄的人生。很多时候，“熟悉”的陌生人远比我们想象的要值得交往。

这一点，国外老百姓的做法可能比现今的我们亲切得多，尽管他们不像我们这样，交往的时候常常不分你我，亲密无间，他们那“有间”的人际交往准则，却也为陌生人的交往定下了温馨的规矩。我们看美国的热播剧比如《绝望主妇》之类的，便会发现，那些主妇在新搬入一个社区后，老邻居新邻居之间，会主动地做些寒暄交往工作，诸如送点自制的点心给邻居，周末开个家庭聚会与邻居们聚聚……比起我们现在住的商业住宅区，小区业主之间那副“进进出出相碰，老死不相往来”的架势，要和睦得多，温馨得多。

理性地说，强关系的辐射力毕竟有限。我们有再强大的工作生活圈，有再多的人脉，也不能囊括生活和工作中需要处理的所有事务。大力经营弱关系，亲密自己的“不熟”圈子，是提升我们生活和工作品质的重要因素。在这方面，30 多年前的马云，已经为我们做了正面示范。

2016 年，一则关于马云早年与一位澳大利亚男孩一家交往的旧闻在网上和微信朋友圈被疯狂转发。从某种意义上来说，这场跨国友谊给少年马云的人生带来的转折，一定程度上造就了今天的马云。

1980 年，澳大利亚男孩大卫·莫里（David Morley）随家人到杭州旅游。一名瘦弱的本地男孩凑过来问好，希望跟他对话，练习英语。就这样，莫里跟马云成了笔友。

1985 年，马云受莫里一家邀请去了澳大利亚，所见所闻令他大开眼界。马云发现，跟中学政治教科书中所说的——资本主义是腐朽的垂死的不同，资本主义国家并不像他原先想象的那样水深火热，也用不着我们去拯救。相反，如果我们不迅速发展，我们恐怕将“被拯救”。

在莫里一家人的帮助下，马云练就了很高的英语水平，这为他以后受聘某企业，并代表企业去美国向合作方讨要债务奠定了极好的语言基础。正是那次美国之行，马云接触到了互联网，大受启发，认定这是一种即将颠覆整个社会运行规则的新生事物，回国后一头扎进互联网领域，创立了自己的互联网公司。

与马云情同父子的老莫里曾开玩笑说，自己可能在无意间启发了日后的中国首富。

2004年，马云专程去澳大利亚看望临终前的老莫里。马云儿子的名字，也暗中契合了老莫里的名字发音。这一切都表明，1980年在西湖边上与莫里一家人的相遇，曾怎样地改变了马云的人生轨迹。

成功人生，弱关系才是关键。

选择与偶然：决定人生高度的双子星座

从还没出生开始，我们就处在不断地选择中，所以才有投胎是门技术活的戏谑。“文化大革命”时期，为了在复杂的派系斗争中拉拢一批，打击另一批，那些红卫兵组织的头头常对小将们说的一句话就是：出身是不能选择的。后半句没人提，但大家都心知肚明：道路是可以选择的。

除了出身以外，我们这一生，基本上是由一系列选择组成的。从求学开始，再到求职、求偶、求友、求财、求官，无一不是我们自己挑选的结果。有人说，人生有三大遗憾：不会选择，不坚持选择，不断地选择。不会选择，人的一生就是稀里糊涂的一生；不坚持选择，人的一生就是不断打井却没有水喝的一生；不断地选择，人的一生有可能陷入熊瞎子掰玉米的境地，走一路丢一路，所获有限。

普林斯顿大学校友、亚马逊 CEO 杰夫 · 贝索斯曾在普林斯顿大学毕业典礼上发表演讲。在这篇名为《善良比聪明更难，选择比天赋更重要》的讲话中，贝索斯讲述了自己如何在儿时懂得了“善良比聪明更难”的道理，分享了自己决定放弃待遇优厚的工作、创建亚马逊时的复杂心路历程，“追随内心的热情”是贝索斯给精英人才的建议。他说，天赋和选择不同。天赋得来很容易——毕竟它们与生俱来。选择则颇为不易。一不小心，我们可能被天赋诱惑，损害到作出的选择。贝索斯最后说，我要做一个预测：在你们80岁时某个追忆往昔的时刻，只有你一个人静静对内心诉说着你的人生故事，其中最为充实、最有意义的那段讲述，会被你们作出的一系列决定所填满。最后，是选择塑造了我们的人生。所以他希望普林斯顿大学的毕业生们：为你自己塑造一个伟大的人生故事。

选择是如此重要，以至于人这一辈子，很多事情由偶然的因素决定。因为选择在很多时候出于偶然。

2015年，还有一篇《斯坦福招生官只说了3句话，90%的被拒学生及家长都沉默了……》被广泛转发。这篇文章改编自一封信。

斯坦福大学被认为是世界上最杰出的高校之一，也是入学竞争最激烈的大学之一。一位负责招生工作长达30年的招生官，鉴于每年大量的学生被拒——超过42000份申请，有34000多被拒的事实，在为那些没能如愿以偿拿到offer（录取通知书）的年轻人感到遗憾的同时，决定给这些被拒的学生及其家长写一封信——《大学为何物》。这位招生官写道："首先，一切都是相对的……我也希望有这么一个公式来解释谁能够被录取，谁会被拒绝，但决定是否录取一名学生是一门艺术，而并非科学。每一个课堂就像一个交响乐团，需要其独特的组合和声音；我们的目的是营造一个和谐而多元的环境，这就意味着额外的贝司手是没必要的。另外，即便是在我的同事内部，我们也对申请者持有不同的看法和意见。但我想告诉你们的是：世界不会因为你被斯坦福拒绝了而否定你自己的价值和努力。"在信的结尾，他这样写道："一个斯坦福的本科学位，抑或是任何一所常青藤盟校的本科学位，在漫长的岁月中只会成为你简历中的最不起眼的一行字而已。所有正在申请大学的学生和家长应该懂得的是，不论你是被录取了还是被拒绝了，进入大学，相对于漫漫人生路来说，只是一个简单的纪念碑。”

让无数学生及其家长梦寐以求的世界顶级大学入场券，只不过是一张纪念券。而决定无数优秀学生能否拥有它的，竟然是偶然的因素居多。也许，你就是那一年招生当中那个额外的贝司手，你被拒绝没有任何自身原因，仅仅因为乐团的位置已满。

很多时候，人和人的水平、能力差不了太多，尤其是在人生的初始阶段，往往是带有偶然性质的选择导致了其后一连串必然的结果。选择是如此的重要，令我们不得不重视选择。风靡全国各大城市的小学升初中，大学毕业后找的第一份工作等，都属于虽然偶然却会对后续发展产生系列影响的事件，所以才会有那么多的家长、那么多的职场新人重视“小升初”、重视第一份工作。一旦孩子上了不如意的中学，大学毕业找了不尽如人意的单位，都会想尽一切办法转学，跳槽。因为他们深知，人生之路初始阶段的偶然，有可能对今后产生巨大的影响，万万不可掉以轻心。用心造就的偶然，是顺畅人生必须要有的选择。

无论是偶然还是选择，关键在于坚持。没有坚持，偶然仅仅是偶然，选择也只是选择。

有这么一个带有禅意的故事。两个不如意的年轻人，一起去拜见师父：“师父，我们在办公室被欺负，太痛苦了。求你开示，我们是不是该辞掉工作?”两个人一起问。

师父闭着眼睛，隔半天，吐出五个字：“不过一碗饭”，便挥挥手，示意年轻人退下了。刚回到公司，一个人就递上辞呈，回家种田，另一个什么也没动。

日子真快，转眼 10 年过去了。回家种田的以现代方法经营，加上品种改良，居然成了农业专家。另一个留在公司的，也不差。他忍着气，努力学，渐渐受到器重，成了经理。

有一天，两人再次相遇。彼此都感到奇怪。农业专家说：师父给我们“不过一碗饭”五个字，我一听就懂了。不过一碗饭嘛，日子有什么难过？何必硬巴在公司？所以我辞职了。农业专家问另一个人：“你当时为何没听师父的话呢？”“我听了啊。”那位经理笑道：“师父说‘不过一碗饭’，多受气，多受累，只要想不过为了混碗饭吃，老板说什么是什么，少赌气，少计较，就成了。师父不是这个意思吗？”两个人又去拜望师父。师父已经很老了，仍然闭着眼睛，隔半天，答了五个字，“不过一念间”，然后挥挥手……

很多事，只在一念之间。我们在做决策的时候，一定要多想想，因为这“一念”，有可能决定了你后半生的归宿和幸福。

当然，选择也好偶然也罢，最重要的还是坚持。无论做了什么样的选择，除非发现误入歧途需要回头是岸，否则一定要坚持走下去。只有坚持才会终有所获。那种不停选择的人，没有在一个地方深耕挖掘，时间都耗在来来回回的路途上，当人生的收获季来临时，注定会两手空空，所得甚少。

谨守分际，把握分寸

一

有人说，我们是一个十分没有分寸感的民族。在人际交往方面，往往呈现一锅粥的景象。里外不分，人我不分，他人与自己界限模糊。尤其是在计划经济时代，过着一种大家庭式的集体生活，出工是同事，回家是邻居，休息时便是哥们儿姐们儿，这锅粥越发地稠了。究其原因，笔者认为是中国人强烈的宗族观念，导致了人际关系的“一体化”习惯。试想，宗族宗族，只要是同宗同族，理论上都是自己的亲人。而几百年上千年同一个人繁衍下来的子嗣，又何止千万。久而久之，造成了我们人际观念上的“粥样化”倾向。

这样的民族特性，使得我们平日的人际交往十分难办。因为没有分寸感，所以我们经常会遇到一些人，对于他人有着超出“理应”范畴的要求。典型的表现是在慈善方面。很多人估计对 2008 年汶川地震后王石挨骂的事情记忆深刻。作为一个具有现代企业管理意识的职业经理人，万科董事长王石因在万科为四川地震灾区捐款 200

万元后，说了句“万科捐出200万是合适的”，并规定“普通员工限捐10元，不要让慈善成为负担”而将自己卷入是非的漩涡。后来迫于舆论压力，王石在灾区对公司“捐款门”事件公开道歉，万科公司也随即提出捐助1亿重建灾区资金的方案。到了2011年，郭美美打着红十字会的招牌在网上炫富事件爆发，很多人都为王石抱不平，认为王石当年具有超前的眼光，只不过在不恰当的时机表达出来而已。何止是汶川地震这种国难当头的时刻，“强捐”“必须捐”成了大众的主流心态，即便在日常的慈善活动中，当捐助的一方表达了救助的愿望后，被救助一方也很容易生出“非分”之想，向捐助者提出超过对方捐助意愿的要求，最终让好事变成了不是那么美好的事情，违背了救助的初衷，也寒了很多热心人的心。

这样的例子，信手拈来。曾经轰动一时的是影视明星孙某早年资助学生引发的是非。

据重庆媒体人邱某在博客上记录，2001年冬天，他拍摄了“山区三部曲”的第三部作品：69集的大型系列报道《希望在山区》。该节目围绕“关注贫困师生，为山区教育搭建希望的桥梁；聚焦贫困师生，为山区明天托起希望的太阳”这个主题，真实生动地记录了51个家境贫困、品学兼优的山区学生为了摆脱贫困而发愤努力读书的故事。巫溪县高中学生张某是其中的一个。

节目在2002年3月重庆卫视《午间报道》播出。3月下旬的某一天，邱某接到上海一位女士打来的传呼，口气很温和文雅，显得很有修养。她说看了这个节目很感动，想资助这位山区贫困学生。于是记者把张某班主任的电话告诉了她。

自此，上海那位女士跟张某自愿结成帮扶对子：一个发愤读书，一个解囊相助。资助人每月从上海给张某寄来生活费，每学期给他寄来学费。为了方便二人之间联络，也为了减轻他的经济负担，资助人甚至给张某寄来了长途电话卡。

张某曾给牵线的记者邱某写来一封长长的信：“邓阿姨（即上文提到的上海女士）是这中间给我很大物质帮助的好心人……真的好感动！那一刻永生难忘！因为那不单单是500元的捐款，而是人间的真情流露和对一个穷困孩子的莫大支持！……接到500元捐款后我当天给邓阿姨写了一封回信表达了我的感谢之情。邓阿姨也在回信中说了很多鼓励我支持我的话！当时阿姨对我来说还是个陌生人！我很感动！真的！接着阿姨跟我通了第一次电话，电话中我用生硬的普通话跟她交流着（因为激动），但邓阿姨还是耐心地跟我讲话并要我努力学习，她和姐姐愿意承担我所有的学杂费用，直至我大学毕业，要我从今以后不要再担心学费了，一定帮我圆大学梦！那晚我因兴奋彻夜失眠，根本无法相信上天会给我这样一个机遇！让我读大学！那晚我想了一晚上我的大学生活！后来阿姨多次在信中写到提供我的学费和生活费直至大学毕业，并要求我考到北京、上海等大城市中去出人头地，我心中比较现实的大学理想也就从那时开始。这期间，姐姐（资助人的女儿）也跟我通过电话，鼓励我努力学习并给我寄来一些辅导资料，真的很感动于她们的帮助！”

第一年高考，也许是压力太大，张某名落孙山。资助人邓女士在安慰张某的同时，也安慰记者，叫记者无论如何开导张某：鼓起勇气，继续努力，争取考上。张某终于在2005年秋季考入上海一所大学。

邓女士和女儿一起去火车站接张某并送其去学校。张某这时才知道，资助他的人是影视明星孙某的妈妈。

然而，这样的善良之花在此后不久即开始变异。张某上大学后，开销越来越大，几乎形成依赖心理。让孙某印象最深刻的是2005年12月某一天，小张打来电话向她要了500块钱；10天后，又再次提出要500元的请求。这件事最终成了停止资助的导火索。

孙某表示不是不想资助对方，而是要引导那个孩子学会自力更生，因为她觉得开始的善心已失去了初衷。孙某的经纪人表示，孙某从2002年就开始资助小张，资助了这么多年，不会就这么轻易停止帮助的。在被问到“停止资助是否是因为小张不停要钱”时，经纪人回答“那孩子心思没放在学习上”，这是孙某停止资助的主要原因。

据网友透露，还有一个原因导致双方资助与被资助关系瓦解。这就是张某隐瞒了一件事情，他在信里只提到了开销怎么怎么高，他的收入只有孙某的资助，还有什么助理之类的打工收入，只字未提6000元的助学贷款！这笔钱银行于2005年10月底（即开学两个月后）就汇入他的农行卡上去了。张某不仅隐瞒了此事，过了1个月又以各种理由写信向孙某妈妈分两次要1000元！孙某妈妈向学校了解情况，才从老师口中得知张某刚刚得到6000元助学贷款。这才是张某和孙某妈妈关系彻底弄僵的最终原因！

有感于善事最终未得善果，最初牵线促成此事的媒体人邱某写下了《为什么善良的种子结下的都是变异的果实》的博文，深刻思索这种情况。

只不过，现象可以引发思索，人性却不以人的意志为转移。在双方各执一词难以辨别的时候，我们需要知道这样一个事实：张某是1984年1月出生，而他一口一个叫姐姐、不停地要求人家资助的孙某，出生于1982年9月，比张某大不了多少。孙某12岁时父亲弃母女二人而去，靠着母亲到处打工挣钱养家供自己读书学舞，过着连吃一顿肉都奢侈的困窘生活。初中毕业参军入伍，后来又刻苦发奋努力，才有了如今的一切。她之所以在自己的日子刚刚好过的时候，就毫不吝啬地资助他人（孙某在成名不久即出资40万元在云南建了两所希望小学），想来也是对被资助人自幼在求学路上受贫困煎熬感同身受的体会吧。

二

不仅资助他人，像提拔、帮人调动工作等也很容易产生类似的是是非非。

有一位久不联系的朋友，在某大单位从事普通的业务工作。尽管年奔40，业务水平也有，奈何为人一般，工作十余年未见提拔。一个偶然的机会，被曾经的合作伙伴、现在已手握重权的某领导调到另一个单位，一下子从普通业务员提拔到领导岗位。这中间的跨度是如此之大，以致上级主管部门颇有想法，责令单位对其进行职务过渡。尽管有过渡，一两年后，该朋友还是顺利地升迁到较高级别。

矛盾出现在好多年后。单位一把手退休了，这个已经当了10来年领导干部的朋友，心里惦记上这个位置。这是一个过高的要求。因为这位坐着火箭升迁的领导，这么多年来并未让大家见识其水平能力。当年能坐上这个位置，已经是托了认识当权领导的福烧了高香。此时这位朋友自然又想到了那位能量大的领导，想让老领导为自己操作。这么多年共事下来，老领导当然知道这位下级的真实水平与能力，当年调他来，其实有为自己拉帮结派的私心，如今这一要求，显然难以满足。这就得罪了这位朋友。20年的交情就此了结，不仅了结，还结下了一层怨恨。

还有一位有几面之缘的朋友，当年在偏远的小城市工作。因缘际会，识得了某一线城市某个部局的领导，颇得该领导欢心。这位领导于是想尽一切办法将其调入自己麾下。最初的关系那是蜜里调油，堪比父子。老婆孩子也陆续投靠过来，一家人尽享天伦之乐，生活质量比从前不知提高了多少倍。

人的欲望是永无止境的。今天的他觉得心满意足，再无他求，明天的他可能就有其他的想法。

十几年后，因为某次重大利益分配中，这位朋友没能得到自己想要的利益，双方关系彻底弄掰。这次要求没能得到满足，以前的种种恩情亦不复存在，从此形同仇敌，连表面的交情都没有了。

人类的念头千变万化，所以才有一闪念、一念间等种种说法。最形象地说明人心善变、诸念多多、这也对那亦可的，是电视剧《甄嬛传》中皇上与华妃在各自的场合，谈到年羹尧从前于社稷有大功，如今却因犯了种种大忌引得皇上震怒，年的那份功劳，已经在皇帝“许”与“不许”之间了。这话翻译成大白话就是，尽管年氏曾有大功，但今日有了大过。那些功劳，皇上可认，也可不认。

除了自己，任何人都不可能完全了解别人的想法。也许上一个念头受助者还对你的帮助感激不尽，下一个念头却转起了埋怨——怨你帮人不帮到底，既然给了盖房的钱，为什么不给娶媳妇的钱；既然帮了孩子的大学学费生活费，为什么不一并把孩子大学毕业就业的事儿搞定；既然帮着上了最关键的台阶，为什么不帮着上第二个台阶；既然帮人家从小城市挪到了大城市，为什么不能安排好后续事宜……不一而足。被帮者永不满足，苛责随时可有。这些人从不想想：别人为什么必须要帮你，你又帮了别人什么？

只要人起了贪心，有了怨念，总是可以找到各种各样可以责怪他人的理由。形象地说，只要愿意，鸡蛋里面可以挑出骨头。一切全在人心。

2016年，一部都市剧占据了各大报纸网站的版面，成为现象级的电视剧，这就是热播剧《欢乐颂》。这部剧能够热起来，跟它契合当下都市人的生存和生活状态有关。剧中有许多从现实出发提炼出来的金句，也是它能够受大众热捧的重要原因。剧中人物奇点，这个有着亿万身家的青年才俊，面对当时的女朋友——海归精英、企业高管安迪前往养老院探望从小与自己分离的弟弟，准备拿出巨款给养老院院长时，说了句特别冷静现实的话：人都是欲壑难填的，不考验人的欲望，是最正确的处理事情的方法。

三

正因为人是一种最无法捉摸的动物，所以在 2015 年北京大学本科毕业典礼上，科学家饶毅教授作的毕业演讲《做自己尊重的人》才会如此火爆，引来这么多人的共鸣。这篇仅仅 535 个字的毕业讲话，被朋友圈称为“最短毕业致辞”，获得了 9 次热烈掌声，在极短的时间里赢得了 10 万次的转发评论。兹录如下：

在祝福里裹着告诫呼啸而来的毕业季，请原谅我不敢祝愿每一位毕业生都成功、都幸福；因为历史不幸地记载着有人成功的代价是丧失良知，幸福的代价是损害他人。

从物理学来说，无机的原子逆热力学第二定律出现生物是奇迹；从生物学来说，按进化规律产生遗传信息指导组装人类是奇迹。

超越化学反应结果的每一位毕业生都是值得珍惜的奇迹；超越动物欲望总和的每一位毕业生都应做自己尊重的人。

过去、现在、将来，能够完全知道个人行为和思想的只有自己；世界很多文化借助宗教信仰来指导人们生活的信念和世俗行为；而对无神论者——也就是中国大多数人——来说，自我尊重是重要的正道。

在你们加入社会后看到各种离奇现象，知道自己更多弱点和缺陷，可能还遇到大灾小难后，如何在诱惑和艰难中保持人性的尊严、赢得自己的尊重并非易事，但却很值得。

这不是：自恋、自大、自负、自夸、自欺、自闭、自缚、自怜；而是：自信、自豪、自量、自知、自省、自赎、自勉、自强。

自尊支撑自由的精神、自主的工作、自在的生活。

我祝愿：退休之日，你觉得职业中的自己值得尊重；迟暮之年，你感到生活中的自己值得尊重。

不要问我如何做到，50 年后返校时告诉母校你如何做到：在你所含全部原子再度按热力学第二定律回归自然之前，它们既经历过物性的神奇，也产生过人性的可爱。

饶教授以一个文艺理科生的情怀，给同学们提了一个看似不高的要求。书斋里的教授，已经感觉到了人性的艰难。

人性是如此不可捉摸，而人人都以推崇自己为原则，认为真理站在自己这一方，善于为自己辩解，即便是十恶不赦的大坏蛋，也很少有人公然否定自己，作践自己，鄙视自己，因为他过不了自己这个坎儿。坏蛋也是有自尊的。当然，自己究竟是个什么样的人，每个人心底都是明白的。正因为如此，饶毅提出的做一个自己尊重的人，这个看起来不高的要求，才会引起这么大的关注，赢得如此多的掌声，因为它已然是一个不低的要求。

人与人之间的交往，分寸难度，怎么才能把握好？窃以为谨守分际，尽量不要引起他人的非分之欲，是处理这类事情的上策。有些人是这样的，无人帮助时不作他想，有了帮助以后，却对帮助者求取无尽。很多人也许会问，那到底还要不要帮助他人，尤其是陌生人？可以帮助，但要守住分寸，尽量避免让人心生妄念。这里面技巧很多，有不少可以称得上是“只可意会，不可言传”。很多帮助者不愿直接面对受助者，而是通过第三方专门机构从事慈善事业，分寸不好把握、不知受助者品行秉性如何，大概是其中一个重要原因。

第三章

读不懂女人，就掌握不了生活

男人把女人逼坚强了，就可以滚蛋了

自然界是多么的奇妙。像人类这样的哺乳动物，必须得雌雄搭配才能繁衍。不仅如此，生命还规定了男人强壮女人柔弱，体格再高大的女人，绝大多数在体力上都不是男人的对手。正因为男女力量先天的不对等，所以各国法律对于家庭暴力都是严格禁止的。无它，如果任由家庭成员之间互殴，那么不仅女人要吃很大的亏，出人命也是分分钟的事儿。因此尽管亚当和夏娃的故事在我们看来属于神话的范畴，它的逻辑还是很科学的：女人是取男人的一根肋骨做出来的，体力上跟男人压根儿不在一个等量级上。

男人女人走到一起，开始的时候角色分配大抵鲜明：男人伟岸可以依靠，即便外形不伟岸内心总被认为是坚强的；女人小鸟依人弱不禁风，似乎总要男人扶持才能立得住（此处的“立”不是指肢体上的站立，而是指精神及日常事务中的依赖）。难怪俗话常有把男人女人分别比作树和藤，只有藤缠树，哪有树靠藤。所以，古时候如果哪家死了当家的男人，便说谁家的天塌下来了。

时代的列车滚滚向前，老黄历很快翻不得了。自从男女平等的口号喊开以来，那种男人是天的封建思想早已被当成糟粕丢弃，剩下的，是女人也是半边天，女人也能养家的新潮流。

如果单就走到了这一步，还是现代女人的幸运，也是现代男人古风尚存。不过，据近些年来的观察，能很好地做半边天的男人很多，但做得很操蛋的男人同样不少。所以才有了本文的话题。

先不说升级之前的事儿吧，好歹大家都是成年人，结婚以前的单身岁月都过得挺好，谁也没饿着没冻着，所以当爹妈之前的事儿可以不说，原则上也没有什么事儿，不过是两只小碗并作一只大碗。

升级为父母后，双方真正开始过日子了。柴米油盐之类的先不提，生育之苦自然只能女人独自承担，这是上帝造人时就规定的。生孩子是“痛”苦，不过比起后面养孩子的“辛”苦，还是毛毛雨。孩子的事肯定女人操心得多，很多男人趁势当起了甩手掌柜。这种模式在平时可能问题不大，但如果遇到非常情况，比如孩子生病的时候，这个时候当爹的如果还在外面忙着所谓的事业，更有甚者参加着无谓的“应酬”，加着并没有多急的班，让媳妇心急火燎地抱着无精打采的孩子自己去医院挂号就诊，这样的男人，已经开始把女人从自己身边推开。

孩子上小学了，看到小朋友们写的暑期生活，都是爸爸妈妈带着自己去哪儿玩了，有国内的名胜古迹，有国外的度假小岛。想想孩子长到六七岁，除了有过几次“老家游”，旅游经历一片空白，当妈的便也想策划一次全家出游，以便小家伙在写作文的时候不逊于他的同学。男人一句“没有钱”就将老婆的出游计划轻飘飘给否了。女人当然知道，男人给自己的爱车做一次保养都要花几千。从那以后，女人再也不提家庭旅游这码事，默默地在心里计划着等孩子再大一点，自己搭伴和其他妈妈带着孩子出游。

外地朋友出差本市，聚会吃饭。吃完饭已经不早了，余兴未了的朋友提议去唱歌。多么希望当家的能和自己带着孩子回家，学龄前儿童已经开始犯困了。男人却问也不问一声地自顾自跟着朋友走。女人不得已问了一声，那我们呢？男人这才说你们先回家吧。虽然就餐的地方就在家附近，不过当女人领着儿子往家走，而这个叫做老公的男人却在外面玩到十一二点才归家时，女人的心已经凉了。

曾经看过一句特别经典的话：有时候女人需要男人，就像跳机者需要降落伞，如果需要的时候他不在，那么以后他也不必在了。这是围城中的女人真实的心理世界：她可以很需要你，你就是一切；她也可以不再需要你，你便什么都不是！女人的坚强，很多时候都是拜男人所赐。

男人一旦把女人逼坚强了，就成了可有可无的人。当一个女人做好独自面对生活的准备时，多半已经对男人失望了。无所依靠，才会坚强；没有依赖，才会承担。伤心时，昂起头逼下泪水；孤独时，抬起头假装微笑。这是一种心酸，更是一种心冷。其实，柔弱是大部分女人的天性。她们并不想强大，也不愿强大。只有当自家的男人不在乎自己时，她们才会选择坚强，选择面对，选择承担。女人在爱情面前永远是遇强则弱，遇弱则强，只有当男人给她们足够的安全感和关爱时，她们才会感性而柔软。

但男人是另一种动物。从人性上来说，大部分比女人自私；从欲望上来说，如果没有很强的道德修养，基本上比女人强烈，天生喜新厌旧，所以很多男人在与女人结婚后，会向外寻找第二春。不是在今天就是在明天，不是在今年就是在明年，直到男人到老年。

堡垒果然都是先从内部攻破的，出卖这种事儿也只有自己人才能干成功。日本著名作家渡边淳一，写过一本《男人这东西》，被称为是“男人的自供状”。他说：男人这东西，下面变软时，上面才会开始柔软。作为一个资深男人，渡边的话不可不听，不可不信。对于大多数女人来说，如果不是男人足够老，不要指望他对你有多好。

执行了 30 多年的城市人口一胎化政策两年前寿终正寝，国家放开了二胎的生育。在一片狂欢与调侃声中，我分明感觉到对广大的育龄妇女来说，职场与生活“变数”增多的隐忧。先不说单位对育龄妇女可能生育二胎的警觉，由此令女性丧失一些职业发展机会，即便在家庭里，当夫家喜气洋洋地盘算着再添人丁时，谁又想到了集生育之“痛”和养育之“苦”于一身的孩子妈身上的担子呢？在各种各样的调侃告诫声中，感觉这样一个据称是专家给出的建议比较靠谱：第一，必须有好相处的公婆；第二，必须有能帮忙的爸妈；第三，必须有靠得住的老公；第四，必须有能让你足够任性的钱……估计全中国的家庭，能达到上述靠谱标准的，不会超过万分之一。

做父母也有“有效期”

据说现在没个职业资格证书，都不好意思在大街上行走。看吧，做老师要有教师资格证，做厨师要有厨师上岗证，做律师要有律师执业证。据说在两三年前，还有职业经理人职业资格许可证、长途电话交换机务员资格许可证、木材搬运工资格许可证……林林总总，共有好几百种。唯独做父母，不需要任何资质许可。到了法定年龄，具有法律认可的婚姻关系，就可以自由结合升级为父母。行事不按规章的，甚至没有婚姻关系、未到法定年龄，也自行升级了，美其名曰先上车再买票，抑或是在某些特别的地区，是有这样的婚姻习俗的——在女方能生出儿子之前，不予领证——免去结了又离的麻烦，以确保自家香火的绝对延续。由此可见，人们对婚姻状况、父母资格的“认证”，到了多么不当回事的地步。正是这种无“资格认证”的随意化升级，造成了一些家庭在子女教育上的失败与悲剧。

成为父母容易，尽好父母的天职难，很多人注意到了这个问题。作家柯云路专门写过一本书，探讨“今天我们怎样做父母”。父母的角色在子女成长道路上是如此重要，以致在北京这样的大城市里的一些顶尖中小学甚至幼儿园，当他们决定是否录取一名学生时，不仅要面试孩子，还要顺带看看孩子的父母。前两年，一名父亲在孩子参加、自己作陪的某学校的面试现场，因为自己表现不妥，使得自己的孩子与心仪的学校失之交臂。

父母这一天职角色重要，责任重大，更重要的是，做父母也有“有效期”，过了子女教育的关键期，可就没有父母的话“一说就灵”的可能了。在有效期内不作为，乱作为，偷懒懈怠，横加棍棒，没有切实承担起为人父母的人生导师职责，当子女成年以后想行使教育职责、长辈权利的时候，别怪子女不听话。为人父母者必须在孩子最依赖自己的人生头十几年时间里负起责任来，用心教养，提供依靠，一旦子女长大成人，父母再怎么努力，也难以施加实质性的影响，因为充当人生导师角色的“父母”一职已经退役，起不了太大的作用。

之所以“父母”一职从某种程度上来说有“有效期”，是因为子女是活生生的人，不是一个物件，更不是一把夜壶，当父母的想什么时候教育就什么时候教育，想什么时候关心就什么时候关心。子女是一个个有思想有个性的个体，18 岁以后，他们还是有独立民事行为能力的公民。对子女的教育，套用娱乐圈流行的那句话“今天你对我爱答不理，明天的我你高攀不起”，便是“今天你对他放任不管，明天你就管不了他”。

2008 年，一个名叫“父母皆祸害”的网络小组在互联网上诞生。这个让为人父母者听了心寒的小组名称，并不是中国年轻人的自创，它的版权属于英国年轻人。看来全世界的某些父母，在子女眼中的形象都差不多。这个拥有 9 万多成员的网络讨论小组，当年聚集了一群在父母与子女的关系中受到挫折、苦苦思索出路的 80 后年轻人。80 后子女以“祸害”形容自己 50 后的父母，源于 50 后父母用自己的时代留下来的印记教育子女，用自己的生活思维来规定子女的前途路线，从而造成 80 后子女的叛逆。80 后生活的时代已经完全改变，而他们的父辈却想以自己的经历为子女作指导。80 后认为，50 后的父母在年少时很快就被剥夺了受教育的权利，他们与父辈之间可以交流的话题，和路人甲与路人乙在旅行途中相遇时的寒暄，没多大差别。

这个显得十分叛逆的网络讨论小组一度成为媒体的热门话题。想想看，几万年轻人在网上数落他们的父母，倾诉或反思父母造成的情感和肉体上的伤害，这是多么令人吃惊的场面。小组成员多数在家庭生活中确实受到过不公正待遇，如直接肉体伤害，间接人格伤害，父母间的矛盾、争吵、家庭暴力给自己带来的负面情绪和影响，或对孩子不关注、冷漠造成的伤害，以及试图控制孩子的人生，或更为严重的猥亵子女、性别歧视等精神伤害。

据了解内情的人透露，小组成员的父母中有不少是教师。大概因为身为老师，将平时对学生的严厉、管教之风带到了家庭教育中，所以才会引起子女的格外反感。

遭到子女控诉的父母，不管是什么原因，都是因为没有担当好教育子女这一天职。而“教育”出控诉自己是“祸害”的子女，责任主要在父母。让我们回溯一下如今用词如此刻薄毒辣的子女，他们的成长岁月吧。

婴儿期的孩子，感知还很动物化，只知吃喝拉撒，吃了睡睡了吃。一旦进入两三岁的幼儿期，小脑袋开始思考问题了。三岁左右的孩子，已经有朦胧的人际概念。我的孩子在三岁时声称：他和奶奶是好朋友，妈妈和爸爸是好朋友，因为整天都是奶奶带着他，爸爸妈妈每天早出晚归上班，疲惫不堪，晚上如果不肯好好睡觉惹急了爸妈偶尔还会挨两下打，所以他的“好朋友”概念是很清楚的，小小年纪已有了人际关系的思想萌芽。日后的一些脾气、性格、禀赋，都能从这一时期溯出端倪，所以老话有“三岁看大，七岁看老”的说法。

五六岁的时候，有一个小小的叛逆期。那是幼儿期的小叛逆，耍小脾气，不听大人话，有自己的小主意小见解。这个时候的小淘气，比起青春期的叛逆，简直是小儿科。因为这时他还没有挑战大人权威的意思，也不会顶嘴，只是有一些简单的直线思维。一个朋友说他5岁的儿子，是这样响应幼儿园老师关于节约用水的号召的。一天放学回家，儿子对家里做饭搞卫生的阿姨说：阿姨，要节约用水。阿姨点点头。儿子又说：那你不要在我家喝水，回家喝。这就是一个5岁孩子的节约用水逻辑，是不是很幼稚可笑？

然而这么幼稚的孩子也在一天天长大，留给父母教育的时间越来越短。到了9至10岁左右，父母将迎来孩子成长的第一次质变。对应学校教育，应该在四年级前后。这个时期的孩子，正处在向青少年时期过渡的儿童期的后期阶段，大脑发育处在内部结构和功能迅速发展和完善的关键期。孩子的学习能力和情感能力快速发展，是培养学习能力和情感能力的重要时期，还是养成良好的学习习惯和改变不良习惯的最后关键期。四年级以后，除非进行特殊的训练，孩子的学习习惯将很难改变。四年级孩子的意志发展，已经慢慢从他律向自律过渡，开始具有自觉克服困难的意识，这也是培养孩子学习恒心的关键时期。随着孩子交往范围的扩大和认知能力的发展，四年级孩子开始对很多事情形成一些自己的想法。这一时期，他们辨别是非的能力还极其有限，社会交往经验缺乏，经常会遇到自己难以明白的问题，开始产生不安和忧虑，需要老师和家长正确引导。这个阶段还是孩子性格形成和转变的关键期，一个人性格禀赋的大框架在这一时期有了雏形。有人说，四年级决定孩子的一生，这话一定程度上很有道理。

我的孩子在小学五年级的时候告诉我，他们班的同学从四年级下学期开始，觉得自己什么都知道了，懂事了，因此心眼儿变坏了，比如做买卖什么的。说这话的背景是：五年级那年，班级更换了班主任。新来的班主任从外地刚调到北京，原来教初中的，一下子面对乳臭未干的小学生，难以招架。加上当时学校在班级教室安排方面做得不妥，更加重了班级管理的难度。这个老师对付小学生办法有限，只知一味高压，学生们不吃那一套，造成下课期间的教室，比菜市场还热闹，学生之间发生小冲突是常有的事。身材娇小的老师拉不了学生的架，又没有降伏学生的权威，只能在吵闹中度过一天，闹得厉害了便向家长告状。发展到后来，直接将学生家长的电话告诉发生纠葛的同学，让学生自行向同学家长告黑状。就是在这样的背景下，班级兴起了经商风，有各类特长的同学靠自己所长为其他同学服务挣钱：有画画特长的卖画挣钱，喜欢跑腿的去小卖部替同学买辣条、干脆面，每趟加 5 角 1 元，有些孩子还倒腾一些小玩意儿挣差价。这帮暂时没有升学压力的学生，在学校里度过了一个群魔乱舞的学年。尽管这样的乱套部分“归功”于班主任管理不力，但 9 至 10 岁左右的孩子，的确到了个性凸显、难以管理的时候。

真正的考验是在青春期，13 岁到 16 岁最关键。在这个时期的初期，家长的管教还可以施加比较大的影响。再往后，初二初三一过，父母想对孩子施加影响，恐怕也难以如愿了，孩子不影响父母就算好的了。这么大的孩子，对父母有比较严重的叛逆心理。一方面觉得自己长大了，什么都懂了。另一方面觉得父母已经落伍，微信 QQ 什么的也不太会用，已经 OUT 了。此时父母对孩子的管教和影响，大多只能是润物细无声式的，寄希望于潜移默化。两三岁时那种言必信、行必果的威严教育没有了，五六岁时那种令行禁止的威权教育也不存在了，八九岁时实施的苦口婆心、言传身教式教育同样起不了大作用，甚至还会起到反作用，被嫌弃为唠叨。在这一时期，用清华大学附中王殿军校长的话来说，家长在家里要多做饭，少说话。因为说了不仅无人听，搞不好还惹人烦，与其那样，不如不说。安心当好后勤官，做好服务工作。

当然，孩子也在慢慢长大。有一天，你会欣喜地发现，十七八岁的孩子开始不需要你管教了，他已经慢慢懂事，做父母的可以松一口气了。父母的角色，已经从“教育者”靠边成为“后盾”。

孩子高中毕业的时候，已经长大成人，成为有独立行事能力的个体。父母的教育退化成背景。那个时候，不“被教育”已经是成功的父母了。如果能和子女关系达到多年父子成兄弟，多年母女成姐妹的境地，那就是做父母的最高境界了。

从有着朦胧意识的幼儿期开始，到十七八岁初步懂事为止，这中间，有差不多15年的时间，需要家长劳心劳力付出。其中又以3岁、6岁、9岁、13岁左右为重要节点，就像毛竹抽节一样，每一个节点都是孩子成长的关键期、质变点。父母特别需要在这些节点上抓住机会、正确引导。只有这样，当“父母”这一天职行使教育权的“有效期”结束时，我们才会收获一个人格健全、性格正面、品格高尚的青年。

女人决定男人幸福指数高低

在北方一些地区，流传下来的口头禅常常把男主人称作“当家的”，意指男人是家庭的主心骨、顶梁柱、决策者。这是男权社会的常规逻辑，反映了男主外、女主内的家庭模式和双方在家庭地位上的主次之分。社会发展到今天，很多人可能根本没有意识到，尽管现在仍是男权社会，女权主义只是点缀，女人在家庭中的地位变化可能不太大，女人的重要性却已经大大提升，其作用已经堪比历届奥运会上中国女运动员所得奖牌状况之于奖牌总数状况。

不排除有些女人比较“作”，总的来说，婚姻家庭关系中，女人比男人更稳定。男人因为自身的生理构造以及千百年来社会风气的潜移默化，在处理婚姻关系时不确定的因素较多。自古以来，事关生活作风的例子，总是以男人为主体。尽管从理论上说，每一个犯生活作风问题的男人，总有一个作风对象，但男人的对象基本上是小于等于自己的所有异性，而女人的对象则大多数大于自己，可供成熟女人愿意犯错误的对象，数量上要少得多。大量失足妇女的存在，也成就了一大批男人的“作风问题”。“失足男人”则是非常小众的隐秘个体。

从家族繁荣与发展的角度说，女人是比男人更关键的角色。走出农耕社会体力至上的年代，女人在很多方面表现得比男人更优秀。股神巴菲特写过一篇文章，题目叫做《女性是未来繁荣的关键》。巴菲特以自己的成长经历说明，女人丝毫不逊色于男人，有些方面甚至强于男人：我有一个姐姐和一个妹妹。我们的父母和老师都认为我们三个的资质差不多，IQ 测试实际上也证明了这一点。另外，在很长一段时间里，她俩的“社交 IQ”一直都比我高得多（我们没做过这方面的测试，但相信我，在这一点上证据确凿）。

即便是一个最普通的女人，也可能决定着老公家族三代人的生活品质和幸福度。女人上管公婆的晚年生活，中管丈夫的大半生岁月，下定儿辈的人生基调，的确是家族幸福生活的关键角色。

为什么女人在跟上一代人的关系中处于如此重要的地位？因为我们是一个男权社会，女人长大成家后是要“嫁入”对方家庭的。现在男女双方在外打拼的很多，许多结了婚的女性收入并不比自家男人少，但无论如何，这嫁娶的观念是错不了的。如果没有做个别处理，下一代肯定跟父姓。无论婆媳关系如何，最后给老人养老送终的基本是儿子。媳妇可能伺候得没有女儿贴心，但在老人动不了需要端茶送水的最后岁月，做媳妇的付出一般会比女儿多。在这一点上，再能干的女儿都要靠边站。

女人还是丈夫一辈子的船锚和秤砣。只要锚抛得得当，任你多大的风浪也掀不起船；而万事用秤砣称一称，便知道了斤两。很多成功男人这一辈子栽了跟头，就折在没有明理知事的女人身上。这么说似乎有点推诿责任，因为再能干明事理的女人，也架不住男人犯浑。理是这么个理儿，事实上最后栽了大跟头的男人，很多并没有犯太大的浑，只是在众人的吹捧声中和哥们儿长脸的心理预期下，收了不该收的钱，做了不该做的事，沾了不该沾的女人。要是有个厉害的老婆管着，可能就犯不了糊涂；要是有个明理的老婆时时点醒着，可能胆子就会小很多，就不会有顺着竿儿爬、飘飘欲仙的感觉。男人还是得在地上走着，走得踏实，也过得安稳。

女人更是决定家庭下一代成长状况的决定性因素。先不说基因遗传这种先天注定的事情。就说孩子呱呱坠地以后，这养育的辛苦和教育的艰辛基本还得靠当妈的付出。有一个外国人说，他刚来中国生活时，很不习惯平时碰到的陪孩子玩耍或带孩子上课外班的几乎一水儿是妈妈，一度以为中国的单亲家庭很多，后来才知道，“中国式爸爸”是不怎么陪小孩的，爸爸在家庭教育中基本上是打酱油的角色，以致有孩子发出“爸爸你再不陪我，我就长大了”的呐喊。当然现在大部分家庭都只有一个孩子，也有一些父亲在孩子养育和教育过程中付出了很多。但不可否认，身为人母的女人的学识、修养、禀性、脾气、性格，对下一代的成长具有至关重要的作用。这一点，很多人找对象时都忽略了。母亲对子女教育的重视程度，影响着教育成果。那些具有母爱、性格从容、注重教育的母亲，理所当然地收获了快乐成长、努力向上的子女，而那些缺乏爱心、脾气暴躁、头脑里没有教育这根弦的母亲，等到子女长大时，收获的大多也是没什么追求、也没有能力追求的混日子子女。经过二三十年的观察，我发现父母与子女的循环真的是“种瓜得瓜，种豆得豆”。没有在子女的养育和教育上花费多少心血的父母，20 年后收获“贫瘠”（非指物质，而是包括精神、亲情等）的子女的概率要大得多。

正因为女人在家族的繁衍和发展上有着如此重要的作用，所以聪明的男人总是在择妻这件事情上慎之又慎。因为它不仅关系到自己父母暮年的生活质量，自己的生活品质，还关系到下一代成长如何。一女管三代，一点不错。

第四章

路走对了，就不怕遥远

伤有所成

一

俗话说，要想人前显贵，必得人后受罪。西方的哲人则说，一个人的光芒有多亮，他身后的阴影就有多长。

且不说一干成功人士如马云，当年是历经了怎样的艰辛才有今天。现今如此成功的“马首富”，当年高考两次落榜，创业两次夭折，一度靠借贷才能发出工资。初涉互联网做中国黄页的那段日子，很多人说他是个骗子。更早的时候，1995 年，马云为一家与美国商人合作承包建设项目的中国公司当翻译，到美国替他们要账。结果钱没要到，想赖账的美国商人掏出一把枪将马云禁闭在房间里长达两天。在惊恐不安中被释放的马云，又丢失了随身行李，只得在拉斯维加斯的赌场挣了 600 美元，才得以回国。

即便是都市里那些小有成就，甚至谈不上什么成就，只是在一个像样的单位谋得个像样的职位的中层社会精英，也是经历了千锤百炼、千辛万苦，受过多少委屈和伤痛，才有了现在的一切。

外人看着这些从最底层爬上来的社会中坚，过着优裕的中产生活，羡慕他们的原生家庭有了这么出息的儿女，却不知这些人能够拥有目前的社会地位和财富，那一路打拼过来经历多少痛苦和艰辛、委屈和折磨。类似某位明星说的：我经得起多大的诋毁，就经得住多大的赞美。这些从底层走出来的都市中坚力量，他们今天能够在物质和社会地位上有比他们的父辈大幅度提升的成就，靠的是一路的奋斗和不时的受伤，真正称得上是“伤有所成”。

以 D 这种都市最常见的职场中层精英来说，表面风光的背后，个中的滋味和艰辛，只有自己知道。

当年研究生毕业，没赶上大学生毕业包分配政策的末班车，D 自主择业去了一家部委下属的事业单位，算不上特别对口，不过给解决户口。

在这家只有几十号人的事业单位上了三年班，D 觉得如果一直待下去，今后 30 年的职场生涯，能够一眼看得到底。读了十几年书，就为了在这样的舞台上混口饭吃吗？单位里那些业务并不精通，也没有多少干事业的情怀与抱负的男男女女，混日子的成分居多。除了并不繁忙的本职工作，D 觉得同事们最热衷的事情就是报销发票。也不知道没有多少业务开展的单位，哪来那么多发票需要报。其实即便是报票，也报不出多少钱来。在 D 离开这家单位多年以后，他才听说单位有人趁开展某些业务的机会浑水摸鱼，将超市里买猫粮狗粮的费用拿到单位报销，一时传为笑柄。D 听到这样的消息，却感到笑谈背后的酸痛。这位当事人当年是 D 所在部门领导，说起来还是校友，“新三届”（指“文革”后 1977、1978、1979 年招的大学生）。上世纪 70 年代末带着三四岁的孩子考上某著名大学，绝对是励志型人物。不知怎么的，在社会上一混 20 年，就混成了这样的德性。在 D 看来，他们这一拨人生不逢时，在整个社会进入市场经济时代时进入职场暮年期，所以才有这看似丧心病狂、实则可怜可叹的举动，以知天命之高龄初入金钱社会便迷失了自我。

所以 D 庆幸自己离开了那样的单位，尽管后来一路艰辛。

当年 D 提出离职时，领导相当恼怒。听关系不错的同事说，D 的顶头上司甚至叫嚷着要 D 支付违约金，否则档案扣住不放。D 还听说，顶头上司曾让搞杂务的小伙子带他去 D 的住所找 D，希望能挽回去意已决的 D。那个时候手机还不多见，一部手机加上中国移动的入网费，要花普通工薪阶层两三个月的工资。固定电话也没有现在普及。一般人仅有的通讯工具是 BP 机，如果 D 对呼叫不予理睬的话，D 的领导的确无法找到 D。因为 D 搬家的时候请小伙子帮过忙，所以小伙子知道 D 的窝在哪儿。

最后 D 还是离开了那家号称是事业单位、却早已属于自收自支性质的温吞水单位，一头扎进了市场经济的大海。

一开始的工作调整并不顺利。好在 D 小有才华，正当他在新换的单位欲进困难、欲退不得的时候，某位认识他的业内资深人士 E，此时负责某集团公司的新业务，正在四处物色人选，招兵买马。D 去了那家新单位。

D 在新单位很快立住了脚。

在单位做事，光有业务能力是不行的。招 D 进来的这位领导 E，在集团公司属少壮派新晋人士，有水平有能力却是性情中人，不是那种中规中矩、谨小慎微的领导，这是官场大忌。新单位机会很多，大家都盯着尚未设齐的各类职位。有些心思缜密一心向上的人，看 D 是领导招来的，自然将 D 视为领导一派。他们不敢对领导怎么样，有意见也只能在背后阴阳怪气发牢骚，但对 D 就不同了。

人都有欺软怕硬欺善怕恶的德性，D 不一定就是被修理的那个。无奈年轻的 D 脑筋不开窍，不会八面玲珑地跟他们打成一片，这就成了那些人的眼中钉。他们对领导多有不满，但找不到发泄的渠道，D 便撞到枪口上了。

那些人在发难之前，早就进行了舆论制造，比如散布D上班迟到。迟到这种事儿属莫须有罪名。因为公司草创，制度还没规范，既无打卡制度，也无严格的考勤。早一点晚一点都算正常，只要没有耽误工作，本部门的领导没有表态，其他人无权置喙。何况加班是经常的事儿，公司新创经费紧张，并无加班费一说。大家都是奔事业的年轻人，也没人计较这个。D相信，比自己出勤晚的人大有人在，比自己加班多的人不会太多。因为是部门业务骨干，D手头有那么多活儿等着他呢。这一点，D的直接上司、部门领导心知肚明，想整治D的人也承认。

就像哲人所说的，决定一件事情的性质，不是它本来怎么样，而是取决于你从哪个角度定义。何况西方早有这样的谚语，没有人会踢一只死狗，换言之，越勇猛的狗，越有可能遭踢，因为踢得更有价值，成就感更高。坐地虎们虽然承认D的才华，还是免不了要对D动手。可叹的是D那时正全力配合部门领导把业务做起来，根本没在意其他小动作。D是对办公室斗争感觉迟钝、非常不擅长内斗的人，对那些对自己不利的传言竟然充耳不闻，没有任何表示，更没有做补救工作，主动向他们示好服软。

因此免不了受打击。坐地虎们趁领导不在时，找到D和他的部门领导发难，说他们做的某项工作漏洞很多，这样下去怎么得了。新设单位开展新增业务，很多都是在摸索中进行，齐头并进，一人多面，要求工作完美无瑕是不可能的，也没有必要，因为一切均在变化当中。

部门领导和D都非常不爽，但也没有还击。因为对方打着工作的旗号，如果自己也以工作漏洞指责对方，那就相当于撕破脸了。何况当时事发突然，对方有备而来，己方根本没作任何防备。D所在的部门属于公司新设，还是小部门，也无力量与对方叫板。部门领导觉得对方太过分，知道D是领导招来的，示意他在领导出差回来后跟领导汇报情况。D 的性格属于与世无争型，他不想整出是非，而是忍下了这次挑衅。

D 没有做到的事情几个月后由他的小同事做到了。这个同事比 D 晚来几个月。当时公司为更快地让新来的年轻人熟悉业务，招这批新人时没有直接分配到用人部门，而是统一放到几个核心部门进行锻炼。这位同事被分到坐地虎们所在的部门，几个月后转到 D 所在的部门。可能是上次的挑衅没有引起任何不良后果，所以这次他们又拿小同事开刀。小同事也“享受”了 D 曾经受到过的指责。不过，尽管与 D 只差了两三岁，这个刚来半年的小同事却勇敢地进行反击。小同事在他们的部门待过，对他们那些边边角角修修补补的伎俩一清二楚，指责被噎了回去。经此一役，小同事感觉单位戾气不轻，尤其自己所在的部门是个“弱势部门”，没过两个月，告别而去。

D 倒是熬了下来，一待好多年，也没得到提拔。有时中午去食堂吃饭，碰到当年曾经向他发难的同事，那些人还会假惺惺地替 D 委屈，说以 D 的才华，做现在这个岗位，有点大材小用了。D 打着哈哈，他知道，真要有提拔 D 的动议，第一个跳出来反对的便是他们。

又过了几年，D 总算熬出了头，被提拔为中层领导。

那时候公司业务还在艰难地蹒跚，待遇未见有多好，人来人往，流动较大。像 D 这种资历老又有一定业务能力的员工，此时给个经理待遇也不能说是多么丰厚的回报，只能说多年的媳妇熬成了婆，既是对老员工多年来忠心耿耿任劳任怨为公司工作的回报，也可以视为安抚老员工的举措。

二

刚升职的两三年，D 的确有奋力拼搏、大展宏图的想法，工作非常投入。公司的业务经过近十年的蛰伏，借助国家经济发展的势头，也慢慢有了起色。两三年后，更是驶入了快车道，效益一年好似一年，人员一年多过一年。

就在D享受着奋斗十几年的职场精英应有的收获时，阴影也一步步逼近了他。

这些年，虽然E仍在公司当领导，但因为D不是那种长袖善舞的人，就像当年被狠狠地打了几巴掌没有任何反应一样，D这些年来从来没有刻意跟E搞好关系。倒是E，偶尔跟同事提起，还是赏识D的才华。士为知己者死，多年以后D才明白，身在职场有领导赏识是多么幸运的事情，那是遇到了生命中的贵人。因为欣赏，他们往往沙里淘金，并且将金子的光芒放大，让人们注意到你的光彩；相反，不欣赏你的人，就容易鸡蛋里面挑骨头，挑到最后，你都不知道该怎么做了，满脑子就是骨头骨头骨头，然后你就真的变成了一根“骨头”——你做出来的工作，越来越靠近对方所挑剔的方向。

前面说过，E是性情中人。这样的人，在办公室政治中注定不占上风。就在公司业务开始有起色的时候，因为忍受不了多年来的失望以及放眼可见的将来的失望，E跳槽去了另一家公司。

于D来说，只是E变动了工作而已。十来年下来，随着公司业务的增长和人员的增多，D跟E几乎没有什么交集，一年也说不上两句话，私下里的接触更是没有。他觉得自己的派系色彩并不浓，甚至可以用没有来定义。

但别人却不这么认为。原来，D这些年先平淡后顺意的日子，在有些人看来，肯定是沾了E的光。

仔细回想了一下，似乎有一定道理。有一段时间，D所在的部门领导频频更换，在空降兵与土著派的斗争中，由于D只知干活做业务，不知站队，在空降领导被挤走后，遭到土著派的打压。

不过并不特别明显，因为那时公司生存很艰难，人手又少，如果严厉打压，恐怕 D 就待不住了。当时 D 作为部门业务骨干，竟然接触不到核心业务，只被安排做一些边边角角的事情，说白了就是被边缘化了。转机出现在 E 的某次随口一问。D 当时的部门领导有一次在向 E 汇报工作时，E 随口问了一句：D 现在在做什么？这才让 D 的处境有了改观。不过那时整个业务状况没有什么起色，有“肉”的业务不多，所以这样的改观没有显出特别明显的差异。说到底，D 是一个对办公室政治不敏感的人。

现在不一样了。公司的业务有了起色，眼看着摘果子的日子到了，再者有可能“罩”着 D 的领导已经离开公司。D 管理的这一摊，便有人盯上了。他们先是散布 D 的能力不行，再是将 D 慢慢做起来的一些业务，通过部门整合的名义拿走。那些既辛苦又没有什么效益也出不了彩的业务，就推给 D 来做。最后甚至发展到，本来应该由 D 负责的业务，拿出去让别人做，做了半天出不了成果，反过来又让 D 收拾烂摊子。D 竟然老实到这种程度，接下了别人干了半截的项目，带着几个人吭哧吭哧做半天。最后发现，领导对整个项目并没有什么思路，压根儿就是个明知不可为而为之的业务。

针对 D 的折腾还在继续。他们的逻辑是：既然赏识 D 的领导不在了，D 这个位置必须腾出来，安插自己人。尽管 D 非常安分守己，兢兢业业，劳心劳力，但是这些都不重要。前面说过，定义一件事情的性质，是看从哪个角度定义。在这一前提下，D 的人品、表现和能力都不是他们考虑的。就在他们觉得定了妙策可以让 D 腾出位置时，传出大领导准备安插得力干将进来的消息。

这一下那拨一直在折腾 D 的人不干了。敌情折腾了半天，是为他人作嫁衣裳啊。真是螳螂捕蝉，黄雀在后。相比较来路不明、背景深厚的空降兵，他们当然更愿意让老实巴交、只知做事的 D 在这个位置上。说白了，这些人纯粹是欺负老实人罢了。

老实人 D 的日子好过了一点。过了一年，甚至有人两头卖乖，将当年的勾当推到了同谋身上，以此向 D 示好。D 听了不置可否。蛇鼠一窝也好，邀买人心也罢，目前的状况只不过是几方博弈、利益勾兑的结果。D 虽然老实，并不愚蠢。

D 刚到这家公司的时候，只有二三十号人。创办的五六年，一直没有什么起色。那会儿员工拿着很低的薪水，干着一人多面的活儿，不停地寻求突破。同事们出去谈业务，经常有一头雾水的人，问他们公司的利润点在哪儿，是不是在空中建楼，沙滩建房？筚路蓝缕，领导也只能用激情和情怀来鼓励大家。即便这样，骨干层还是不停地流失。到现在，像 D 这么老资历的公司员工，不会超过十个人。尽管如此，公司业务一旦好转，经济效益显著提升，各路人马纷纷伸出手来了，连 D 这种干了这么多年的老黄牛都有人想摆布。所谓过河拆桥，所谓瘦田无人耕，耕开有人争，便是如此。公司落魄时没人惦记，公司利润丰厚时惦记的人便多了。D 有时觉得，还是业务没做起来的时候好，业务没起来，大家惦记的是做业务，业务做起来了，大家惦记的就是利益了。

2016 年热播的都市剧《欢乐颂》，里面有句歌词特别契合 D 对都市中人职场生涯的感觉——成功路上，非死即伤。即便像 D 这样的小扒拉子，这么多年职场生活熬下来，也是伤痕累累，新伤叠旧伤。更别说那些因为爬得高从而有机会将手伸向不该伸的地方，最终将自己送进去的同事；那些占据了一个职位或岗位后却因各种原因丢了职位或岗位的人——“非死即伤”四字，真是都市人职业生涯的精确描绘。

D 刚工作时所在那家事业单位的老同事，如今听说 D 在好多年前就已经拿到那么高的薪水，大大地吃了一惊。这些现在仍为一个月万儿八千的收入纠结的前同事，不会知道这薪水背后的艰辛与委屈。他们哪里想得到，收入丰厚的地方矛盾多，肉多的地方狼多。D

现在的丰厚收入，只不过是在刀口上舔血。舔得了几时，还得看公司派系斗争的前景。那些在体制内待了一辈子的人不会想到，梁山泊是好汉们纷纷落草另起一摊的地方，却也是一个比朝廷更见名利的名利场。聚义厅的座次排定，一点不比朝廷封官晋爵简单，甚至因为撕去了温情脉脉的面纱而更见刀光剑影，图穷匕见。当然，现如今体制内也要求干部能上能下，不能一劳永逸了。2015 年 7 月，中共中央办公厅印发《推进领导干部能上能下若干规定（试行）》，按照全面从严治党、从严管理干部的要求，对解决干部能上不能下问题作出具体规定，规范了工作程序，建立了工作责任制，是做好新时期干部工作的重要原则。D 的那些一直躺在“保险箱”里工作，在某个职位上一待十几二十年的老同事，应该也能感觉到时代的进步，以及个人“进步”的不易。

多变近乎诈

生活是一个万花筒，我们在这个筒里面会看到各种各样的人。直爽的，嘴快的，多疑的，心胸狭窄的，沉默寡言的，性格软弱的，做事拖拉的，性子急躁的，林林总总，不一而足。

这些性格，虽然特征不一，但还比较好掌握，时间长了都能被人摸到脾性，也方便我们依着对方的性子建立与之相处的模式。唯有一种性格，如果不经过长时间的接触，共处大是大非，是不好判断对方的真实意图和下一步选项的，这就是多变的人。

在谈论多变的人之前，我想说一点关于人性的认识。很多时候，我们对人性的复杂程度认识严重不足，不知道从他人的一些价值取向与行为中，判断出他人的典型性格，以便因地制宜地制定应对策略，最终使得自己在与他人的交往过程中处于被动的地位，遭到算计的时候居多。

一般人对想法多变的人，普遍的看法是做事不靠谱，决策经常变化，信用严重不足，却没有想到，这样多变的行径，是近乎奸诈的。因为他平时放的就是多变的烟幕弹，所以熟悉他的人会对他放松警惕。当他真的要实施奸诈的行径时，别人已经来不及或有机会应对了。奥威尔在其经典著作《一九八四》里，借用女主角之口说了这样一句经典：在小事上守规矩，在大的事情上就可以逾越规矩（大意）。当你确立了一种固定的行为模式，周围的人已经对你的行为模式形成固有印象后，偶尔一次改变会完全出乎他人意料，从而得以顺利实施。多变的人，正是成功地运用了这一法则。先让自己变化多端，毫无规律可循，没有固定的行为准则，没有规律性的思维模式，然后在变化中，作出有利于自己的决策，让旁人措手不及。难怪宫斗剧的巅峰之作《甄嬛传》里有这样的教诲：喜怒不形于色，心事勿让人知，更别叫人可以轻易揣测你的喜恶。

另一种多变的表现，则是平时说话大大咧咧，非常爽快，好像心思浅薄单纯，考虑问题简单明快。真要操作起来，便会仔细深入周祥思考，采取谨慎的行动。这种人也具有非常深的隐蔽性。清末名臣曾国藩，在他那本专门讲如何看人的书《冰鉴》里，谈到这类人时，说了这样一句话：初念甚浅，转念甚深，近“奸”。一开始谈论某事的时候，说得好像很浅显，但是转念一想后，又想得很深。这种人，表面上看起来好说话好沟通，思想单纯头脑简单，实际上旁人并不知道他心里到底怎么想，最终的决策会是怎样，他放了一颗“浅”的烟幕弹，真正动作的时候却深不可测，迹近奸诈。当然，从另一个层面说，奸诈，也可以是一种圆滑成熟的处世作风。

大多时候人们对多变的人的行事风格警惕不够，经常斥之为“主意多变”、“一时一个主意”，似乎对方的毛病也就是优柔寡断，没有决断，多变善变。岂不知，它不仅是一种心计上的策略，还是某种品性的展露：这样的人做人没有底线，做事没有原则，行为毫无准星和规则。如果从价值判断来论，他们也有自己的准星和原则，那就是利己，一切以自己的利益为核心。除此之外的因素，都不是他们要考虑的。正因为如此，他们才一事多变，想法多多。

多变近乎诈，这样的认知，自古已有。不仅如此，古人还总结出一套完整的识人口诀，可以为今天的我们提供指引：爱占小便宜，终生难大贵；经常吃小亏，日久必厚报。言语多反复，当防欺诈；忘恩思小过，定会反戈。热情过度，必然另有名堂；严肃有余，切勿敞开心扉。开口说大义，临大难必变节；逢人称兄弟，既深交也平常。谦为美德，过谦则防诈；默为懿行，过默则藏奸。揽功而推过，不可同谋共事。口诀中说的“言语多反复”，就是指说话变化多端，反复无常，要防止其中暗含欺诈。

这样顺口溜似的识人原则，在明清很多白话世情小说中都可以读到，的确是古人经过多少代人的验证总结出来的处世精髓，当可成为我们今天的识人指南。说到底，社会变了，世情变了，但人性难变。所以，尽管过了上千年，经历了沧海桑田，我们遇到的很多人和许多事，仍然可以套用几百年前的处世智慧。

正因为多变能为自己带来意想不到的好处，所以兵家的制胜宝典便是“兵不厌诈”。不会使用诈术的将军，不是一个合格的将军。双方打仗对抗，已经互为仇寇，战场上使用诈术，不是品质低劣的表现，相反却是具有高超智慧与军事才能的体现。那种不会使用诈术，一味恪守诚信的君子之风，一如宋襄公般仁义，在战场上只能沦为笑柄，成为炮灰。商场如战场，从这个意义上说，商场上使用诈术，亦不失为杰出的经营策略。

来唱高调的，必是得利人

除了老师、演说家这类开口讲话往往要说得声嘶力竭、青筋毕露的职业以外，要说这世界上有哪件事对人来得最轻巧最便利，我看非说话莫属。上下嘴皮本来就挨得很近，只要轻轻一碰，配合着喉咙发出点声音，动动嘴，唱唱曲，说不定还能支使别人团团转，令别人小腿儿跑到抽筋，脚底板起了老茧，这是何等畅快顺意的事情。当然这样的行径背后可能让别人嗤之以鼻，被讽刺为练口活，但那又怎么样？反正不损说话者半根毫毛。

在这些喜欢练口活的人群中，有一类人显得尤其阴险卑鄙，那就是一些专会唱高调，说得比唱的好听的人。

这些男女高音“歌唱家”，他们以高分贝唱高调，讲说辞，不外乎有以下几种原因：有的是因为身负使命，拿人钱财，替人辛劳，不得不唱；不排除有个别的“歌唱家”是因为秉性高尚，自带歌唱天赋，所以他的唱歌算是一种自然流露；另有一种，则属于居心叵测、用心不良了。他之所以唱高调，乃是想从中得利，所以他的唱高调，关乎自己的利益，却要别人付出。这样的人，算盘打得真精，居心实在可疑。

《儒林外史》中有个人物叫权勿用，是个伪名士，连名士的称号都是自封的。此人考了三十多年科举，连个秀才都不曾考中，生活十分落魄。后来听了书呆子老贡生杨执中关于天文地理、经纶匡济的浑话，像鬼神附了体，从此不再应考，立志做个高人。家境愈发贫苦，他便只在村坊上靠骗人过日子，宣称一切事物都不分你我。权勿用的原话是：“我和你至交相爱，分什么彼此，你的就是我的，我的就是你的。”他自己既然一无所有，剩下的就只有他占人家的便宜了。作者吴敬梓极尽讽刺之能事，揭发了权勿用此类人物的虚伪。

吴敬梓讽刺的这等丑恶现象，到如今也未曾灭绝。现实生活中，我们常常碰到一些人，口口声声要我们做个好人，做个甘愿付出的人，而不管这付出对于他人的负担，以及他人并无此等义务。他之所以作如此要求，实则是因为他能从我们这做好人的付出中受益。另一些人，口口声声要我们记住别人的好，不要计较他人的过错，实乃要你不辨是非，一味地迁就忍让，因为这样于周边的人（包括说这话的人）有好处。仔细看看前来奉劝我们的那些人的所作所为，必不是一个多么能付出的人，抑或是一个从不付出的人。正因为他能从我们的不计较中受益，并有可能继续做伤害我们令他受益的事情，倘若我们一计较，受益既无，谎言只怕从此也难以奏效。所以这些人才会如此地苦口婆心，希望我们继续“高尚”下去。

工作当中，这样的场景也不少见。当有人唱起了顾全大局的高调时，必定是需要有人做出牺牲或妥协了。大局是要顾的，但得看是什么样的大局。对于当事人来说，自己或本部门的“小局”也是“大局”，需要顾及。一味地要求顾大局，只能说有人能从中得利，获得好处。既然大家都是得好处，为什么非得让出你的好处来成全他人的好处呢？

《红楼梦》里有句话，“来说是非者，必是是非人”。除非在大是大非的紧急关头，抑或是对我们而言十分重要的关键时刻，一般来说，如果只是一些无关痛痒的东家长西家短的鸡毛蒜皮，单位里某人如何某事又如何的是是非非，那些经常在你面前喋喋不休唠唠叨叨大唱高调的人，必定也是一个是非人。他能跟你说别人的是非，也能跟别人说你的是非。为了不卷入是非的漩涡，远离那些人是明智的选择。因为是非是说不清的，也是说不完的。话越说越多，谎越扯越满，我们搅和在里面，除了惹上一身骚，没有任何好处。

路遥在其不朽的杰作《平凡的世界》里，借由主人公的口，发出了这样的感慨：生活中有那么一种人，你藐视甚至侮辱他，他不仅视为正常，还对你挺佩服；你要是在人格上对他平等相待，他反而小看你！那些动辄唱高调说大义的人，很多具有路遥描绘的那类人格特征。他之所以在我们面前唱那些不着边际的高调，说一些自己也觉得虚头巴脑的话，只不过觉得我们是一个拿他当人看的人，他由此反而要做出种种的不堪行为。设若我们是一个厉害角色或拜高踩底的主儿，他们反倒不敢在我们面前大放厥词了。这种人往好听了评价叫不识好歹，往不好听了评价则是欺软怕硬，柿子专找软的捏。

此等奇葩到今天还时常可见。有那么一些人，我们对他好的时候，他觉得天经地义，理所应当，心安理得，甚至得寸进尺。有一天我们决定做回自己，不再以他人为中心，不再对他有求必应，他便板起正义的面孔唱起了高调：要对他人仁义，要记得他人的好。遑不论此前他在安心享用我们的付出时，对我们的种种不屑甚至伤害。这样的情况，更易发生在一些初入社会或未入社会的年轻人身上。因为年轻，因为单纯，因为感情满溢，因为重视友谊，他们更容易对自己的密友掏心掏肺，不吝付出。那样亲密无间的关系，用一个比喻，就是好得像蜜那么甜，或好得像同穿一条裤子。在这样高浓度的友谊中，如果一方品行不正一味索取，很容易对另一方形成“占便宜没够”的局面。一旦另一方觉醒了不肯再付出，此前占惯便宜的一方多半会不忿、不甘，情急之下，往往祭起道德的大旗，大唱高调。

从本性上来说，人类都是利己的，能够做到不损害他人，已经是一个道德高尚的人了。除了最近的亲人，这世上不会有多少人惦记我们。如果有人惦记上我们，给我们种种的忠告和告诫，那么他不是大好人，就必定是个是非人。

轮到他人的，都将轮到你的头上

美国作家海明威在《丧钟为谁而鸣》一文中说过这样一句话："所有的人是一个整体，别人的不幸就是你的不幸。所以，不要以为丧钟是为谁而鸣——它就是为你而鸣。"

就像我们通常感知的，我们所认识的人，我们所熟悉的人的离去，是我们生命的一部分离我们而去。我们周边的人生活得怎么样，我们周边的生活环境怎么样，我们便怎么样，没有人能够置身世外。崔卫平教授曾感性地写过这么一段话，广为流传："你所站立的那个地方，正是你的中国。你怎么样，中国便怎么样。你是什么，中国便是什么。你有光明，中国便不黑暗。"

不过，现实生活中，能够推己及人地考虑问题的人还不是很多。因为具有这种能力的人一般都是境界比较高的，具有"同理心"，也就是能够做到孔子说的"己所不欲，勿施于人"。不少中国人，也许是因为几千年来的中庸之道已经深入了我们的骨髓，为人的第一要义便是"事不关己，高高挂起"。他们认为，凡事只要没有轮到自己头上，便与己无关，闲事少管，闲心少操。通俗的说法是"各人自扫门前雪，莫管他人瓦上霜"。有人形象地总结国人这副德性：别人死绝不吭声，只有轮到自己头上才会嗷嗷叫。一些品性低劣的人，对他人的困苦与窘迫，不仅作旁观状，而且作拍手叫好状，摆出一副看热闹的不怕事大的姿态，拿出煽风点火的劲头。

这样的劣根性，并不是今天才有。曾有这样一段话广为流传：秦汉以前，国人血性凛然，大义浩然，多慷慨悲歌之士；隋唐时代，气度恢宏，正气盎然，蝇营狗苟之辈非时矣；然五代以降，宋明理学存天理灭人欲，酱缸社会及人性，伪善是为世风矣；更有甚者：元清专制统治，酷烈异常！为生存及利益计，由是汉奸辈出，看客文化亦发扬光大成为主要之国民性也。

这话毒辣，点出了“看客”德性是近现代以来我们的国民性的一部分。鲁迅在《〈呐喊〉自序》中更是指出：“凡是愚弱的国民，即使体格如何健全，如何茁壮，也只能做毫无意义的示众的材料和看客，病死多少是不必以为不幸的。”说这话的背景是，鲁迅因为父亲得病早逝，立志学医，准备学成后“救治像我父亲似的被误的病人的疾苦，战争时候就去当军医，一面又促进了国人对于维新的信仰”。于是他便到日本仙台医学专科学校学习医学。但鲁迅在仙台学习的第二年，碰到了一件事，促使他改变了学医的志向。一次上细菌学课，需要用“电影”（幻灯，当时称电影）来显示细菌的形状和活动情况。教师讲完后，还没到下课时间，便放了几段时事幻灯片子，映出的是不久前刚结束的日俄战争的故事：日军抓住一个中国人要枪毙，说他是俄国间谍。刑场四周围了很多身强力壮的中国人在看热闹……这时，有的日本学生狂呼“万岁”，有的斜着眼睛看着鲁迅，议论说：“看看中国人这样子，中国一定会灭亡。”面对此情此景，鲁迅浑身像火烧一样，再也坐不住了，他猛地站起来，夹起书本愤然走出教室。这件事深深地触动了鲁迅，决定弃医从文，改变人们的精神，要唤醒人们，中国才能有希望。文艺能够提高人们的思想觉悟，能够把沉睡、麻木状态的人们唤醒，能够激发人们的爱国热情。人们觉醒了，中国就有改变的希望了。

数千年来专制压迫造成的胆怯，人本教育的匮乏，使得一般人练就了一身事不关己的神功，又难扼人类好奇心之本能，由此诞生了一批又一批看客。看客们通常作麻木的围观，鲜有平息事态的援手，交头接耳间更有叫好鼓劲儿者，心里想的是“这热闹不看岂不亏了!”助长施暴者的嚣张，削弱轻生者的信念，让受害者倍感无助，令悲观者更觉世态炎凉。

这些人在灾难没有轮到自己头上时，抱着看笑话、看热闹的心态看待别人的麻烦，不仅不厚道，而且不睿智。他们不知道这个世界的运行规则，从概率上来说，轮到别人的，有一天也会轮到自己头上。

在农村，很多媳妇对婆婆不好。处于人生盛年的媳妇对处在暮年的老人非常刻薄恶毒。我一直搞不懂，这些愚笨的农妇难道想不到自己也有当婆婆那一天，也有老了的那一天，也有看媳妇的脸色吃饭的那一天吗？但是这些对婆婆过分苛刻的媳妇全不这么想。她们是不想自己的将来呢还是本性上就不愿意对婆婆好一点？这样恶劣的示范，甚至潜移默化地影响着尚是幼儿的孩子。有一年回老家，一个亲戚告诉我，她那五六岁的孙子有一天对她说，长大了要去上海打工。亲戚便跟孙子开玩笑说，到时候挣了钱拿一点给我用啊。乳臭未干的毛孩回了奶奶一句：老婆要骂的。

一些家长对自己的孩子在外面与他人交往时偷奸耍滑、不仁不义的行为很高兴，觉得孩子本事大，吃不了亏。可是他有没有想过，子女这样入骨的秉性时间长了是不分对象的。今天对准的也许是外人、旁人，明天当父母有了困难或老了需要子女付出的时候，做子女的极有可能对父母也来这一套。很多病倒在床或衰老到生活无法自理的老人，都吃过不孝子的苦头。到那时，当父母的对自己自作自受的境遇又作何感想？只怕也只能是哑巴吃黄连，有苦说不出吧！因果轮回报应不爽，所以人们对于家出逆子的父母，总是抱着怀疑的态度，疑惑这不过是自己作孽自己受的循环。

单位里的明争暗斗往往免不了，用时下流行的话来说叫“办公室政治”。许多人对那些手长权力欲重的同事抱着只要他不把手伸向我的地盘，就不管他有没有规矩是否乱来。人的欲望是无止境的。那些擅长把自己的地盘紧紧捂在手里，把别人的利益一点一点蚕食掉的人，迟早会把手伸向你的领域，即便你是太岁，对于某些欲望狂来说，有一天他也不惮在你的头上动土。这时候，你会发现，没有人替你说话，因为能替你说话、愿替你说话、敢替你说话的，都在你事不关己、高高挂起的旁观中被一一收拾了。除了束手就擒，你别无选择。

从逻辑推理的角度考虑，轮到他人的，也会轮到自己头上来。今天你不秉公做事，热心助人，明天当你想要伸张正义，寻求帮助时，也会无人理睬，无处求助。

正因为正义需要伸张，正气须压邪气，所以在有些国家，学生考试作弊抄袭他人，被抄袭者和抄袭者将会受到同等处罚；如果碰到一方殴打欺负另一方的场合，我们在现场却没有制止，也没有打电话报警，事后同样要受到严厉惩处。因为我们没有制止抄袭，没有制止违法犯罪行为，形同犯罪。正是基于这样的是非逻辑，当几个在美国读高中的中国学生因殴打同学被逮捕时，同在现场却没有出手制止的同学最后也被判了好几年徒刑。这样的判决结果传到国内，震惊了我们这个一贯以“洁身自好”为高尚美德的民族，开始反思我们对恶行袖手旁观是否也是一种罪恶。只有形成人人不旁观“恶行”，在“恶行”面前人人发声的良性局面，才能让“恶行”无处藏身。

有一个关于猴子的故事，或许会对旁观者有所启发：

有人养了一群猴子，常宰猴待客。当客人光临时，主人便穿上白大褂领着客人挑选猴子。笼子里的猴子非常紧张，拼命往后躲。当客人选中一只猴子时，其他猴子就使劲把它往外推。被推出去的猴子，知道自己死到临头，一动不动地任人宰割。其余的猴子在一旁幸灾乐祸地看着这只猴子被杀掉。这样的场景不断重复上演，终于，猴子全部被宰杀，一只不剩。

假如在第一次面临被宰杀待客命运的时候，猴子们能够群起而攻之，不是没有机会逃脱。作为个体的猴子没有选择这样的作为，也许它们不知道其他的猴子是否会和它一起反抗，在反抗与躲闪的策略选择中，选择了躲闪。抓到谁算谁倒霉，全都选择苟且偷生，陷入“囚徒困境”（“囚徒困境”是1950年由美国某公司提出的博弈论模型。两个共谋犯罪的人被关入监狱，不能互相沟通。如果两个人都不揭发对方，则由于证据不确定，每个人都坐牢一年；若一人揭发，另一人沉默，则揭发者因为立功而立即获释，沉默者因不合作而入狱5年；若互相揭发，则因证据确凿，二者都判刑两年。由于囚徒无法信任对方，因此倾向于互相揭发，而不是同守沉默)，成为自己命运的“看客”。殊不知，今日的“看客”，可能就是明日的“羔羊”。

德国著名神学家马丁·尼莫拉写过这样一首诗，经常被人引用，用来表达对“沉默者”的谴责。现在用它来规劝那些在日常生活中摆出一副事不关己、高高挂起姿态，以及只要没有轮到自己头上、就甩出一副“看客”嘴脸的人，作为本文的结尾：

起初他们追杀共产主义者，
我不是共产主义者，我不说话；
接着他们追杀犹太人，
我不是犹太人，我不说话；
此后他们追杀工会成员，
我不是工会成员，我继续不说话；
再后来他们追杀天主教徒，
我不是天主教徒，我还是不说话；
最后，他们奔我而来，再也没有人站起来为我说话了。

小心眼的男人遇上了一个二×女人所引发的故事。更有网友说，如果不是行车记录仪，公众或许无法了解其中违规变道，以及司机相互开“斗气车”的真相，行车记录仪要畅销了。

总结这次突发事件的来龙去脉，可以用“自食其果，谁都不冤”八个字点评。女司机包括很多有这种野蛮驾驶习惯的司机其实是在用一种暴力威胁侵犯他人的生命安全，只是“马路杀手”不像持刀行凶那样容易辨识和得到处罚。男司机用明知可被认定、可被法律制裁的暴力，去惩罚一种普遍存在却很难认定和追诉的暴力，他的行为在舆论场中被分离成两种完全对立的判断：他用暴力侵犯了一个女人；他向这个女人施予的个人的但其实是一种普遍的野蛮表达了抗争。结果是：法律修理了暴力，暴力修理了野蛮。

不管是暴力还是野蛮，这件事情给我们的启示便是，恶人自有恶人磨。你看女司机横行霸道这么多年，也没有受过这等“待遇”，这次教训估计会令她收敛很多，以后再也不敢随意变道、随便停车、随时开房了。对于“暴力犯”男司机来说，刑事拘留不仅让他身背污点，估计也撑大了他的心眼儿，再也不敢这样“以暴制暴”了。这一次有相当多的人站在他这边，下一次再犯，估计就不会博得这么多声援了。两位恶意横生的人，现在是各得其所，各受其罪，谁都不冤。

俗话说，冤冤相报何时了。我们在日常工作和生活中，肯定会遇到一些令人愤慨的事情，碰到一些奇葩的人。如果只是一点小动作，无伤大局，还是应该以隐忍为主，退一步海阔天空，忍一时风平浪静，不要去招惹那些无谓的是非、垃圾的人。当然，你会说，这不是当缩头乌龟、非洲鸵鸟，甚或助纣为虐、助长恶人的气焰吗？其实，恶人并没有那么多横行霸道的机会。也许不久后你便发现，那个劣迹斑斑、欺行霸市的恶人，终于遇到他生命当中的克星，被收拾得干干净净、服服帖帖。既然是恶人，想来必有异于常人的恶劣品质与行为，当初如果我们怀着睚眦必报的心理跟恶人斗，极有可能非但斗不过，还把自己卷入危险的境地。就像前面的两个司机，尽管他们各有自己的问题，如今的结果对谁都不冤，但是女司机要是没有围观者解救，恐怕就不是脸部骨折、轻微脑震荡这种轻伤了；而男司机，可能也不是寻衅滋事这种轻罪名。一旦女司机伤情加重，男司机极有可能被定为故意伤害罪，引来几年的牢狱之灾。

恶人自有恶人磨。如果自认为不是恶人，没有降伏恶魔的本事，还是安安静静地等待“一物降一物”的魔鬼出现，等待亲眼见证恶人先作孽后被收拾的时光到来。

假如他人辜负了你

普希金的哲理抒情诗《假如生活欺骗了你》，相信很多人耳熟能详：

> 假如生活欺骗了你，
> 不要悲伤，不要心急！
> 忧郁的日子里需要镇静；
> 相信吧，快乐的日子将会来临！
> 心儿永远向往着未来；
> 现在却常是忧郁。
> 一切都是瞬息，一切都将会过去；
> 而那过去了的，就会成为亲切的怀恋。

这首诗，诞生于200年前，扑面而来一股文艺清新范儿，让人觉得虽然道理满满，却是隔靴搔痒、不痛不痒。在如今的后现代社会里，他人对自己可能不仅仅是欺骗，还有辜负和利用。

如果他人辜负了你，辜负了你的付出，利用了你的信任，你应该怎么办？是悲伤、愤怒，还是沉沦、消极？对于被辜负被利用的人，这样的反应形同自取其辱。在一个奉行丛林法则、崇尚弱肉强食的社会，自甘认栽者是没有话语权的。只有化“悲痛”为力量，化腐朽为神奇，让自己从这辜负和利用中，最大化地得到教益，才是我们从跌倒的地方重新爬起的唯一出路。

这一栽让我们明白，我们曾经是多么的看走了眼。因为此前我们的付出与信任，是基于对他人品格的判断，基于自己对他人的认可。也许从未看清真相，也许所谓的认可只不过建立在幻想之上。我们看到的只是表象，我们认为的只是“自以为”，那些都不是准确的观感，如今的情况，只不过是露出了血淋淋的真实。我们在真相面前领悟的，我们现在失去的，并不是友谊、爱情、信任，那些看似有其实无的东西，而是锁链。那些锁住我们心田的链条，之所以能锁住我们的行为，是因为我们对朋友有两肋插刀的义气，对爱人有忠贞忠诚的义务，对同事有合作配合的要求，对亲人有替他们着想的无形约束。现在，当朦胧的面纱完全被揭开，一切都裸露出不堪的真相后，这些捆绑我们的绳索，就像武林中人发功让其自行消解一样，都纷纷从我们的身上断开消失了。

如果没有经历生活的裂变，没有给自己一个看清对方真面目的机会，我们断不会有这份勇气，与以往的人生格局、秉性抱负决裂。有时候，被“逼上梁山”并不是坏事。新东方创始人俞敏洪说，他永远感谢那些逼过他的人。在一篇标题为《凡是逼过我的人，都是我要感激的人》的文章中，俞敏洪说：

那些“逼”过我的老师，我到今天都记忆犹新，由小时候对他们的恨，转变为如今对他们的感激。而那些没有“逼”过我的老师，尤其是那些对我很纵容的老师，我现在一概记忆模糊，而且觉得这样的老师不值得尊敬。

生活从来都不是一帆风顺的，成功从来都不是唾手可得的。

如果我们觉得自己是在被“逼”着做某些事情时，不必为此感到无奈或懊恼。从长远来看，这也许是件好事。

比如被老师“逼”着背课文，被同学“逼”着参加活动，被老板“逼”着不断工作，被竞争者“逼”着天天学习……适当的逼迫能够把我们的惰性“逼”走，把我们的平庸“逼”走，把我们的勇气“逼”出来，把我们的前途“逼”出来，也把我们的成就和幸福“逼”出来。

考了三次才考上北京大学的俞敏洪明白，这辈子如果不是被一路“逼”着走过来，他这个苏北农村的孩子，肯定不会取得今天这番成就。

我们应当感谢那些曾经辜负我们的人，感谢那些利用我们的信任，利用我们的善良，甚至利用我们的热心背叛我们的人。正是由于他们的“辜负”，才有了奋起直追，知“耻”而后勇的我们。

生活的智慧从哪里来？从学习中来，从历练中来，从坎坷中来。很多时候，磨难跟挫折都是我们最好的老师。我们痛定思痛后得到的东西，远比失去的要多。

我们在被辜负的失落中，最终会明白这样一个道理——自己可靠才是真的可靠，自己牛才是真的牛。如果我们足够强大，那些被辜负了的友谊、爱情、信任又算得了什么？我们在被辜负后，要有这样的豪气开创自己的明天：今天你对我爱答不理，明天的我你高攀不起。

我们永远不知道生活会不会辜负我们，我们也不知道最终将走向何方，结局如何。我们要做的，就是把我们现在所要做的一切——学业、事业、职业……做到能力范围内的最好。

三五个人决定你在单位待得爽不爽

人们在社会上立足，手里总得端个饭碗。不管这饭碗是金的、铁的，还是泥的，在一段时间内，它就是我们安身立命的根本。正因为如此，工作虽然名义上只占用我们工作日的 8 个小时，一年里包括周末在内的国家法定节假日占到全年 365 天的近三分之一，很多工薪族仍然觉得，工作耗尽了我们全部的精力，同事尤其是单位领导决定着我们日常生活的喜怒哀乐。换言之，单位的同事似乎决定着我们整个人生的悲欢离合，阴晴圆缺。

但是跳出圈子看自己，会发现，工作在带给我们物质回报和社会身份的同时，它对我们的牵制没有想象的那么大；至于领导和同事对自己的影响，更远非我们感觉那样压力山大。我们所感觉到的来自单位的压力，很多时候是出于自己的想象。让我们先回顾一下自己谋生其间的各类单位的发展历程吧。

1992 年春天，邓小平南行，提出建立社会主义市场经济。当年 10 月召开的党的十四大，明确提出建立社会主义市场经济体制。这一年，轰轰烈烈的“破三铁”浪潮在国有企业展开。稍后一两年，大学生开始不包分配，自主择业。从那以后，国有经济至少在就业人数层面，慢慢退到了就业群体的次要地位，大量的人群集中在个体、私营经济体或外资企业工作。

市场经济将大家推到了市场的前沿。从前在国有单位，职工是国家企事业单位及各类组织机构的工作人员，端的是国家的铁饭碗，挣的是国家发给的劳动报酬，没有一个活生生的具体老板。也许有一堆领导，但单位毕竟不是领导的私产，员工领的也不是领导发给的工资，在精神依附上，大家的感觉是平等的，有主人翁的感觉。更有甚者，因为国有体制下的单位，工资及职称等一应待遇，很多时候是按工龄及技术等级确定的，跟职务并不紧密挂钩。主管上司拿的也许并不比下属多，甚至有可能比资历老的下属拿得少。再加上吃的是公家饭（准确地说，吃的是财政饭，但那时的人没有这么清晰的财务概念，只有清晰的行政观念），主管上司甚至单位里的一把手，对下属的饭碗没有决定权，在风气还比较正、歪门邪道没有大肆横行的年代，个别单位甚至出现了单位里的小领导（即俗话说的夹心层——中层领导）没有什么职业地位，有时连个普通员工都不如，真正成了“人民公仆”。所以在那个年代，这种小萝卜头是没有多少人争着抢着当的，因为事多钱少地位不高，很多人便抱着多一事不如少一事的想法推托，哪像现在，芝麻绿豆大的小职位都有人争抢。那时的人之所以有当家做主的感觉，是因为谁也奈何不了“铁饭碗”，既然没有劳动合同这柄尚方宝剑，就有了劳动人民谁怕谁的豪气。

随着市场经济时代的来临，普通劳动者当家做主的日子一去不复返了。先是在制度上规范起来，没有铁饭碗一说，短则一年一签，长则三年一签，全体员工都要签署劳动合同。即便因工龄长或因距离退休年龄达到国家规定的年限，可以签署无固定期限劳动合同，但那也是大大地打了折扣的主人翁感觉。毕竟，在全员劳动合同制的大背景下，签了无固定期限劳动合同的员工，如果干得不好，单位虽不能直接辞退却可以调岗。调岗的门道很多，有时简直可以称之为“钝刀子割肉”，让你饱受精神和肉体的折磨，最后自己忍受不了自绝于单位——离职。

这样阴损的办法不止中国才有，它的祖籍地是日本。日本的企业在战后普遍采用终身雇佣制。从各类学校毕业的求职者，一经企业正式录用直到退休始终在同一企业供职，除非出于劳动者自身的意愿，企业主避免解雇员工。这一雇佣习惯的好处在短期内显而易见，它培养了员工的忠诚度和使命感，使得企业蒸蒸日上，颇具活力。然而几十年过去了，社会的进步和时代的发展不以人的意志为转移，员工有衰老却没有淘汰流动。这种一进谁家门、便是谁家人，生是企业的人、死是企业的鬼的用人制度，此时显示了它极大的弊端，让企业背上了沉重的负担。囿于这么多年的习惯，再加上法律的约束，裁员阻力巨大。近些年来，为应对经济衰退，很多日企采取了一种在我们看来着实下三烂的手段，出现了这样的逼人辞职赶人走的办法——设立“无聊办公室”，在该办公室上班的员工每天的工作就是看报纸、上网，然后在下班时写份报告详述一天活动。设这类办公室的真正意图是让员工觉得自己被遗忘了、没有价值了，使员工最终因羞愧和厌烦而自动离职。并不是籍籍无名的无赖公司搞这一套，知名日企如索尼等同样来这一手，以便裁减那些不需要的人员，逼迫员工自动离职。

再者，非国有企业，有一个具体的老板。甭管它是董事会也好，股东也罢，总之，员工是为具体的成员或由这些成员组成的机构打工的，这就有了人治的前提。人吃五谷杂粮，秉性天赋不同，性格脾气各异，更别说家庭背景、成长经历迥然。加上业务和利益方面的冲突，时间长了自然有派系，个人在其中很难独善其身、和气相处，这就有了职业的苦恼。某些领导出于各种原因打压你，某些同僚明示暗示要你效忠站队遵守潜规则……作为人生主战场的工作，在给我们职业成就、社会地位和物质保障的同时，也带给了我们无限的烦恼。今时不同往日，市场经济社会，谁要还想躲在充满社会主义大家庭温暖的单位沐浴阳光雨露，基本属于白日做梦。

在这样的人际煎熬中，我们早该想到这样一个道理：尽管我们在单位待得极其不爽，倍感压抑，好像大家都看我们不顺眼与我们作对，事实上完全不是这么回事。我们还没有“高大上”到全单位的人都与我们为敌的地步。使我们感到特别不爽的，就是那么几个人，有时甚至只是一两个人。因为他们的职位、权力与我们的工作前景或工作状况息息相关，能够对我们施加比较大的影响，才使得我们感觉特别不顺，特别不爽。如果他只是单位里的看门保安，或是前台接待，估计他再对我们不好，也无伤我们的心情半分。无论在哪儿，决定我们职业满意度的东西，其实不是单位的牌子，更不是职位待遇（当然待遇很重要），而是我们周围的四至六个人，甚至是两三个人，包括我们最近的“上级”、我们合作的“平级”，以及离我们最近的“下级”。理顺他们的关系，我们的职业生涯就顺利了一大半。

谁的人生没有出乎意料的部分？

一

如果我们有时间有心情，去问一问那些 40 往上的中年人甚至已经七老八十的老者，问问他们有没有想到自己这辈子会是这样度过的？估计很多人会说，真没想到我这辈子会这样，过得这么局促委琐，枝节横生，一事无成。活到最后，竟然活成自己年轻时最鄙视的那一类人……

人们要面临的意外是如此之多，所以类似于死不瞑目这样的词儿才会频频出现在文学作品中。如果死亡是一件特别顺其自然的事情，又有多少人会在临终的时候闭不了眼呢？

谁也没有前后眼，可以预见未来，所以真实的人生无法预料，很多事情出乎我们的设想，也超出我们的把控。正因为如此，在我们可以预见和把控的范围内，我们要尽量不折腾、少折腾。这个折腾，不是指事业上的精进，而是指生活上的倒腾以及工作上的非合理合规行为。

有些人秉承不怕事大、只怕事不大的原则，可着劲儿地折腾。他没有想到，一个人的把控能力是有限的。当你折腾到一定程度时，就由不得你做主了。到那时，你不想折腾、不愿折腾也不可能了。

冯友兰曾经说过，人有四层境界：自然人境界（活着）、功利境界（追逐名利，渴望被人认可）、道德境界（追求影响力）和天地境界。因为未来无法预测，我们在追求任何一个层面的境界时，都得小心谨慎，用发展的眼光看问题。正如未来学家彼得·伊利亚德所说：今天我们如果不生活在未来，那么未来我们将生活在过去。

二

“打倒在地，再踏上一只脚”，“永世不得翻身”，这些词语我们曾经耳熟能详。今天，如此颠倒乾坤、人鬼不分的时代不会再有了。但是，关于人心叵测、人事不可预测，在哪个时代都存在。

落井下石这个词语，想必人人都听说过。但是关于落井下石的活生生的例子，很多人却未必经历过。这方面，最让我感到震惊的，是高阳的著作《红顶商人胡雪岩》中讲的一个故事：

胡雪岩的老婆之一，也是他后期的得力助手罗四太太，是个非常精明能干的女人。凭着商人的精明，胡雪岩认为当时还叫翠环的罗四太太上得厅堂、入得内室，是自己寻觅已久的贤内助，打定主意要赢得翠环姑娘的青睐，非娶她为妻不可。经过努力终于遂愿，以“两头大”的形式，娶翠环为妻。翠环精明能干，很快成为胡的左膀右臂。罗四太太心思极其细密，很会迎合丈夫的心意，为胡雪岩连娶十一房姨太太，使得胡雪岩感激不尽。作为回报，胡雪岩将其扶正，使其登堂入室，成为胡府的掌印夫人。就是这么一个精明的女子，在大厦将倾的时候也识人不明，马失前蹄。

罗四太太预料到胡雪岩将要一败涂地，预先把一部分特别值钱的珠宝存放到胡雪岩一表三千里、但走得很近的表叔朱宝如家，委托朱宝如的太太保管。这些珠宝缝在一个枕头里面，有几样值钱的东西。第一样是各色宝石，不下四五十枚。原来胡雪岩有一回在京里听人谈起，乾隆年间的权相和珅，一早起来，取一盘五色宝石要看好些辰光，名为“养眼”。回家以后，如法炮制。这一盘宝石，起码值 10 万两银子；第二样是罗四太太的最名贵的两样首饰，一双钻镯、一个胸饰，中间一枚 30 多克拉重的火油钻镯，周围所镶 12 粒小钻，每粒最少亦有两克拉，是法国宫廷中流出来的珍品，胡雪岩买它时，就花了 25 万两银子；第三样的价值更无法估计了，是 10 枚“东珠”。此珠产于黑龙江与松花江合流的混同江中，大如桂圆，匀圆莹白，向来只供御用，采珠的珠户，亦由吉林将军严密管制，民间从无买卖，所以并无行情。这 10 枚“东珠”据说是火烧圆明园时，为英国兵所盗取，辗转落入一个德国银行家手中。由于胡雪岩为“西征”借外债，这个银行家想做成这笔生意，特意以此为酬，以后胡雪岩就没有再收他的佣金。

朱太太是个特别有心计又口蜜腹剑的人，否则精明一世的罗四太太不可能对她如此信任。收了罗四太太寄存的东西，朱家一直隐忍不发。当罗四太太前来取走时，朱太太不仅用短斤少两的方式窃取了部分宝石，还用狸猫换太子的方式，吞下了罗四太太最贵重的几样东西。最后，朱家去官府告发了胡雪岩，说罗四太太将东西寄放在外面。在胡家已被县府衙门派人看管起来后，这一行为相当于私下里转移财产，这可是个要人命的罪名，也成了压倒骆驼的最后一根稻草。胡雪岩的老婆罗四太太精明一世，却在委托朱家代管珠宝这件事情上一脚踏空，真是被打倒在地，再踏上一只脚，永世不得翻身了。落了井你呼救，没想到引来的不是救你的人，而是害你的人。早知如此，当初寻找另外的对策未必不是一条可行的出路。朱家来这一手，把罗四太太留点本钱等待日后东山再起的算盘打破了。万念俱灰之下，刚强明达一世的罗四太太选择了服药自尽。

当年胡雪岩的商业帝国如日中天，资金额最高达2000万两银子以上，朝廷也要倚仗胡氏长袖善舞采办军火。谁能想得到胡氏会这么快就有了这样的不堪结局：巾帼英雄罗四太太，自杀身亡；一代巨商胡雪岩，在贫困中度过余生，死后差点发落不起，草草入殓。

三

时代的列车轰隆隆向前，乘客换了一拨又一拨，类似胡雪岩这样逆转人生的戏码，仍常常在我们的时代上演，毫无新意却仍令人胆寒。很多年前笔者认识一个小房地产开发商Y，发家挺早，十几年前就有上亿身家。在一轮轮的房地产调控中，觉得财务已达自由境界的Y不堪其累，加上年龄也五十多了，于是便选择收手，移居澳大利亚休养。要说有这么多财富，安心做寓公应该可以安度晚年了，但忙惯了的人让他完全放手一点事不干，可能也做不到。Y去了澳洲不久便整了个酒庄。酒庄这玩意儿是这样的，看起来很“上流社会”，所以很多明星纷纷在欧洲或哪儿整一个，但要靠酒庄挣钱那是难上加难。别的不说，酒庄多如牛毛，自己家的品牌在哪里？没有品牌凭什么让客户购买？凭一张老脸？可是老脸也有用尽的时候。前开发商Y就这样走到了财务不自由的境地。七八年过去了，听闻Y竟然动起了向国内朋友借款的念头。只是现在经济下行，大家都把钱捏得紧紧的，他要借钱，恐怕不是那么容易。即便能借到一单两单，又对他的后续人生有何裨益呢?

四

另一个有钱人的故事就更可笑了。这是一个财运来得很晚的有钱人，暂且叫他 K 吧。

当年出国留学混了一圈，并没有让 K 的经济水平有什么起色。倒是十年前，回国跟一个私营企业老板做事。因为精明能干，也因为这个老板对跟着自己干的高级打工仔（好听点叫职业经理人）很大方，不仅给高工资，还给下属企业股份。七八年做下来，K 的身家与往昔不可同日而语。后来老板因为某件事情牵连，需要配合组织部门调查。K 趁机离开了老板，利用从前积累的人脉及客户资源自立门户。三四年下来，身家俨然上亿，业务渠道通畅，事业蒸蒸日上。男人再老实，似乎也难逃有钱就变坏的魔咒。别怪女人对男人有成见，总有前赴后继的男人验证着女人的“成见”。K 是凡人，同样落了窠臼，这么多年苦哈哈的日子老老实实过来了，临到老了咸鱼翻身，总算逮着个机会有财力在花丛中采一把了。想想也对，辛苦挣钱为什么呀? 为老婆孩子是哄鬼的口号，即便有这样的男人，恐怕远远小于半数，绝大多数男人只是没有足够的财富让他们有机会露出本来面目罢了。

饶是儿子已经成年，老婆也以为守得云开见月明，老 K 还是玩起了金屋藏娇的把戏，找了个比自己小 20 多岁的姑娘，还生下了一个儿子。那时候，K 的大儿子已经结婚成家，有了孩子。K 公然过起了一妻一妾的生活，其实是有妾无妻的生活。他让老婆在国外，自己与小妾在国内共同生活。K 的老婆近似于守活寡，偶尔见 K 一面还要做儿子的跟父亲抗争：今晚跟老妈在一起啊。老婆做到这个份上，即便家有万贯，恐怕还不如一个讨饭人家的老婆舒心。

本来日子就这么别别扭扭地过着。像 K 这样的男人说多不多，说少不少，所以那些心心念念要丈夫发财的女人可以歇息了。盼着自己的老公发财，可知自己老公的心性？别到头来财是发了，人也没了，心更堵上了。再说 K，千算万算也有漏算，小儿子六七岁的时候，老 K 赫然发现，这个小老婆不仅吸毒，还在外面有男人。这一气非同小可。考虑到给这小妾买了一套大房子，如今市值已值好几千万，老 K 决定捍卫自己的财富。无奈房子登记在小老婆名下，旁人都觉得想要讨回恐怕不那么容易。鉴于小老婆性史混乱，有人说，这小儿子是不是老 K 的还不好说。老 K 已经发狂了，准备找律师讨回公道。律师果然有专业头脑，说可以用老 K 老婆的名义要回房子，因为买房支出显然属于老 K 与老婆的共同财产。我们这些法盲全都被律师的建议惊呆，感觉当老 K 的老婆真是倒了八辈子的霉，除了守活寡，还要受这等羞辱。

眼看着一场大戏即将开演，看客们已经搬好小板凳前排就座了。老 K 突然偃旗息鼓。他倒不是怜惜黄脸婆，不忍将她扯进来；也不是心疼小老婆，做忍者神龟，实在是自己丢不起老脸。老 K 打算悄悄地跟小老婆签个协议，约定房子过户给小儿子。小老婆并不屌老 K 的这一方案，声言自己也要请律师捍卫利益。这桩拆烂污的官司究竟如何了结，旁人已经没有兴趣。至于小儿子的身份，老 K 也不打算追究了，声称即使不是自己的儿子，也要将他养大。

这事儿在知情人当中传为笑谈。不管老 K 如何处理这事，他那 60 多岁老男人的脸面，反正是丢到爪哇国去了。看来下一代不是那么好抱的，生个跟孙子一般大的儿子，也不是那么简单的。精明了一辈子的 K，似乎做了一单很不精明的生意。

看到一个两个成功男人的灰暗结局，不由人不发出这样的感慨：谁的人生没有出乎意料的部分？在眼睛闭上那一刻前，一切皆有可能。胜无须骄，败不可馁，走好每一步最重要，做好自己最重要。

不负此生

犹记得初中上政治课时，老师读到《钢铁是怎样炼成的》主人公保尔·柯察金的名言——人最宝贵的东西是生命，生命属于我们只有一次。一个人的一生应当这样度过：当他回首往事的时候，他不因虚度年华而悔恨，也不因碌碌无为而羞愧；这样，在他临死的时候，他能够说……这段文字时，给予15岁的少年强烈的生命震撼。对于上世纪80年代的初中生来说，这段话承载着鼓舞励志的作用，让年少的我们顿觉豪情万丈，心底生出无穷的力量和希望。

然而在社会上摸爬滚打多少年后，这样的励志语句让我们心生的不是建功立业的雄心，而是珍惜生命、珍爱此生的通透，就像烧红的铁块经过冷水淬火过后，虽不炙热却另有一番坚硬。

因此，这里探讨的无关革命情怀，只有常人的踏实以及在人世走一遭应有的态度和智慧。

正因为生命属于我们只有一次，所以谁也无权处置我们的生命权，包括父母和爱人。那些要取你性命的，将你置于危险境地的，都是你的仇人，要快快地离开他（她）。这个时候，跟爱无关，跟生命有关，跟尊重有关。恋爱的时候，如果听到对象问那种我和你妈掉水里了，你先救谁的脑残问题，请不要回答这种欠揍的提问。能问这样的白痴问题，不是本人实属白痴，就是品性低劣。如果出自20 岁出头涉世不深的年轻人之口，尚可原谅她的无知愚蠢。如果问话者已经过了二十五六岁的年纪，在社会上历练了一段时间，即便是开玩笑，提这样的问题也属脑残外加居心不良。对于涉及性命、超越人性的问题，不可回答，也无需作答。

在这方面，作家路遥通过其名著《平凡的世界》，提醒我们进行深刻的思索。

路遥说，人生可以复杂到让你疲于奔命；人生可以简单到让你觉得无聊。原来最好的朋友是自己，最坏的敌人也是自己。自己才是自己的主人，是自己这个王国的国王。他人没有经过你的同意，不得涉足参观，更遑论左右王国的生存状态和运转规则。即便是我们的父母、爱人、领导、同事，他们也只能左右我们一时的生活和工作状态，不能左右我们一生的底色。

在《平凡的世界》里，路遥曾借主人公的思绪说出了这样的感慨：人们宁愿去关心一个蹩脚电影演员的吃喝拉撒和鸡毛蒜皮，而不愿了解一个普通人波涛汹涌的内心世界。这话放在 30 年后的今天，同样成立。这个社会是如此的浅薄和势利，令我们不得不想通这样一个道理：不要指望别人来发现自己的价值，要自己不辜负自己。

2015 年，《平凡的世界》重新拍成电视剧播出，引起了又一阵“平凡”热。因为人物形象刻画得太过成功，网上有许多关于各个人物命运的争论。有人说女主角润叶太固执死心眼儿了，从而造成了人生的悲剧；有人说这是因为作者在这儿想让人们看到一个范本，对于年轻人来说，及时的调整比什么都重要。

相较于其他争论，下面几个网友说得更在点子上：

选择了结婚就要向前看，润叶转变得太慢了，给向前、少安和自己都带来了太多苦楚。对于一个没有多少人生阅历的人来说，这样的状况可能无法避免。如果让她的人生重来一次，我想她能够更快地转变。作品的一个重要价值就是引导大家去思辨这些，在人物的生活中感悟一世轮回，从而更好地把握自己的人生，让自己和身边的人更和谐、温馨和幸福。

人只有一辈子，所以青年人要多读书，从中增加自己的阅历，避免可能出现的人生伤害。

生活不是梦。我们或选择，或妥协，成就我们的生活。如果你还年轻，还在选择，那么一定要谨慎。无论是少平还是润叶，无论是主动还是被动，都认真想想：生活，准确地说是生命，只有一次，好好善待那份相互的爱。

要不负此生，不仅要努力向上，自我提升，还要警惕外界的影响，尤其是一些致命的伤害。

毕淑敏曾经写过一篇文章，叫《远离那些苦大仇深的人》，说的是那些得分高、学习刻苦的学生——文中的教授称之为“苦大仇深”式的学生，最后并没有宠辱不惊的“欢喜型”学生有建树。换个思路想想，学业上如此，生活和工作中又何尝不是这样？有一些人，性格有重大缺陷，整天摆出一副“苦大仇深”的架势。无论你做什么，怎么做，都会换来他（她）的指责和怨恨。对于这样的人，我们要远离他（她）。远离他们，就是远离是非与口舌。否则，他们随时会摆出一副“什么仇、什么怨”的架势搅和你的工作和生活，尽管他（她）在你的生活和工作中的位置，有可能连个屁都不是。

想要不负此生，还需要远离那些垃圾人。与“苦大仇深”的人不同，“垃圾人”更多的是我们并不认识，却偶然与之发生交集。2012 年年底，北京大悦城地下车库发生持刀杀人案；2013 年 7 月，北京某公交车站旁发生摔婴案；2014 年 5 月，招远某肯德基门店发生杀人案……上述意外事件，均为事主在偶然的场合遇上了“垃圾人”，却没有及时规避，最终酿成了惨案。

这一起起触目惊心的恶性突发事件，引起了大家的关注。尤其是摔童案，人们不仅谴责丧心病狂的摔童者，也有很多人指出：在当时的情形下，带着年幼女童的母亲，面对两个明显不讲道理的蛮汉，第一要义是保护自己和孩子不受伤害，宁可忍气赶紧离开，也不要去做无谓的争执。

人们将这些现象总结归纳为“垃圾人定律”——“许多人就像‘垃圾人’。他们到处跑来跑去，身上充满了负面情绪：沮丧、愤怒、忌妒、算计、偏见、贪婪、愚昧、无知……随着心中的‘垃圾’情绪堆积又堆积，他们终需找个地方倾倒。有时候，我们刚好碰上了，垃圾就往我们身上丢。”

当正常人遇到垃圾人时，不可以用正常的方式去回击和争辩。除非我们自身足够强悍，否则别无他法，只能隐忍、礼让、迅速远离他们，继续走自己的路，千万别将他们的负面垃圾接收，再扩散给家人、朋友、同事，或其他路人。好汉不吃眼前亏。

和这种人没什么好计较的。吃亏是福这句略带阿 Q 精神的口头禅在这里不仅不阿 Q，很多时候也许会救了一个人的命。那些人浑身充满戾气，我们出门在外，要抱着多一事不如少一事的原则。特别是女人，不要仗着配偶或者男朋友人高马大随意滋事。悲剧往往就是一念之差。退一步海阔天空，得饶人处且饶人。

有一则故事在网上流传很广，是关于一个倒霉朋友的事儿：

“一个朋友前天晚上在餐馆吃饭，漂亮女友被临桌醉汉吹口哨，朋友说反正吃完了咱走吧，女友说你怎么这么怂啊？是不是男人？朋友说犯不上跟流氓较劲。女友急，骂完朋友又去骂那群醉汉，结果醉汉围上来殴打。朋友被捅三刀，在医院抢救无效死了。临死前问了女友一句话：我现在算男人了吗？”

这个朋友是谁并不重要，或许这个故事也未必是真。重要的是，这样血淋淋的结局证实了矫情的女人不能娶，以及一定要远离“垃圾人”这一真理。

合法伤害权：草根们的狂欢

几千年的文明史，既成就了我们，也让我们有了大而化之、概而化之的思维。地大物博曾经是我们对自己国家的唯一描绘，殊不知除以庞大的人口系数后，土地面积算不上大，物产更不能说丰富。这样的概念化思维，都得归功于我们生来就缺乏科学而严谨的态度。胡适曾专门撰文，讽刺中国人的这种劣性。这篇名叫《差不多先生传》的小文，是胡适创作的一篇传记题材的寓言，讽刺了当时中国社会那些处事不认真的人。

文章写道：

有一天，他（差不多先生）忽然得了急病，赶快叫家人去请东街的汪医生。那家人急急忙忙地跑去，一时寻不着东街的汪大夫，却把西街牛医王大夫请来了。差不多先生病在床上，知道寻错了人；但病急了，身上痛苦，心里焦急，等不得了，心里想道："好在王大夫同汪大夫也差不多，让他试试看罢。"于是这位牛医王大夫走近床前，用医牛的法子给差不多先生治病。不上一点钟，差不多先生就一命呜呼了。差不多先生差不多要死的时候，一口气断断续续地说道："活人同死人也差……差……差不多，……凡事只要……差……

差……不多……就……好了，……何……何……必……太……太认真呢?”他说完了这句话，方才绝气了。

在胡适所处的时代，封建思想的残余还存留着。封建社会的特征之一就是人治。所以有俗语叫“公门里面好修行”，意即吃公家饭的人做好事、行方便容易；又有俗语叫“灭门的知县”，是指知县如果恶起来，能使辖下的老百姓家破人亡。那时候断案，全在县官的一支笔，“官断十条路”，怎么判怎么有理。

如今，这样似是而非的情况要少得多了。法治社会，自有司法条例法律规定。不过在非法治的领域，人们利用某些合法的权力做些合法的伤害，这样的情况还是很常见的。

合法伤害权，指某些人通过自己的管辖权，在他可以做主的范围内，利用冠冕堂皇的理由给相关民众以伤害。所有的一切都在合法的名义下进行，掌握管辖权的人可以借合法的名义来伤害别人，充分利用这种权力为自己牟利，让管辖的事务按照他们的意愿发展。经济学上称这样的行为为寻租，也即有些经济学家经常强调的所谓“权力搅买卖”。一件事情一旦遇到适用的法律、法规稍有模糊之处，官员的选择就有多种，怎么处置都不为过。制度上的漏洞给了官员们自由裁量权，使得官员随便找个理由就可以发挥“合法伤害权”的威力，这也是“权力搅买卖”不断上演的原因之一。

这一概念最早由学者吴思在其著作《潜规则》中提出，吴思在书中还讲了这样一个小故事。

张居正大概是明朝最能干的大臣了。他深知官场上的种种弊端和权谋，圆熟地游刃其间，居然凭一己之力完成了明朝的中兴大业。即便是这样的中兴大臣，也对某些小吏的索贿无可奈何。张居正说，军队将校升官，论功行赏，取决于首级。一颗一级，规定得清清楚楚。从前有个兵部（国防部）的小吏，故意把报告上的“一”字洗去，再填上“一”字，然后拿着报告让兵部的官员看，说字有涂改，按规定必须严查。等到将校们的贿赂上来了，这位吏又说，字虽然有涂改，仔细检查贴黄，发现原是一字，并无作弊。于是兵部官员也就不再追究。张居正问道：将校们是升是降，决定权全在这个小吏的手里，你不贿赂他行吗？

这个故事有个时代背景：当时将校们很少有不冒功的。号称斩首多少多少，其中多有假冒。追究起来，他们砍下来的很可能是当地老百姓的脑袋，所谓滥杀无辜。如果没人较真，这些脑袋就是战功，大家升官发财，万事大吉。如果有人较真，这些脑袋就可能成为罪证，这帮将校罪过不小。所以，将校的命运确实在相当大的程度上掌握在那位小吏的手里，尽管他的官位未必及得上人家手下的一个把总。

张居正总结说：人们怕那些吏，一定要贿赂那些吏，并不是指望从他们手里捞点好处，而是怕他们祸害自己。

合法地祸害别人的能力，乃是封建时代官吏的看家本领。这是一门真正的艺术，种种资源和财富据此分肥并重新调整。

国外也有类似的说法。中世纪的意大利政治家马基雅维里，曾经说过这样一段话：加害者可以单方面控制局面，因为加害只需依赖对方的恐惧。任何人都有恐惧。这样的思维，与“合法伤害权”如出一辙。可见这样的寻租无关肤色与国籍，只关乎人性。

社会发展了，现如今，老百姓也知道运用合法伤害权了，还有合法不便权。这是老百姓的一手了，官员可以寻租，老百姓只能“寻欢”。于是，我们看到了“人人害我，我害人人”的一些社会怪象，有人恶心地将其形容为“易粪而食”：这个地区的农民吃那个地区的农民污水灌溉的小麦，那个地区的农民吃这个地区的农民处理过的大米；你用他的假冒产品，他用你的伪劣商品；你吃了他的毒馒头，他喝了你的劣质酒。反正谁也不会不吃不喝不穿不用，谁也不能做到所有的生活用品全靠自己生产。由此，我们看到了日常生活中一些人为的设障：清洁工因为刚清扫完毕的路面叮嘱行人注意保持清洁，路人却偏要扔点垃圾，声称“没有垃圾，要你们这些清洁工干什么”；业主时不时地找物业公司工作人员，声称“没有我们，要你们这些物业公司的人干什么”。

自以为聪明的中国人，以为伤害的仅仅是别人，其实受害的最终都是自己！

国外的研究机构，曾经出过一份有关中国人的研究报告。报告说，中国人缺乏诚信和社会责任感。中国人不了解他们作为社会个体应该对国家和社会所承担的责任和义务。普通中国人通常只关心他们的家庭和亲属，中国的文化是建立在家族血缘关系上而不是建立在一个契约社会基础之上。中国人只在乎他们直系亲属的福祉，对与自己毫不相关的人所遭受的苦难视而不见。……在中国，特别强调人脉。这种社会，导致制度无法遵守，诚信无法普及，因为每个人有自己的关系。……你如果仔细分析，就会发现这是目前社会乱象的最重要的根源之一。

这种不走程序走关系，不走前门走后门的现象，原本在我们的社会上消失过很长一段时间。新中国刚成立的时候，整个社会一派新生的革命气象，搞关系、走后门这一套歪门邪道还没有到革命队伍里来。它的起源，应该是在“文革”的后期。

1973 年，原壳牌石油上海公司高管郑念女士，在蹲了六年半的监狱后重获自由。她在后来的著作《上海生死劫》中，描述了出狱后干女儿带她去医院看病，第一次见识“后门”泛滥时的惊讶和其后的安之若素、见怪不怪。

郑念写道，当她奇怪有人排队等候而有人却不用排队时，陪她前去看病的干女儿是这样告诉她的："那是'开后门'……现在大家都这样。每一个医生都有自己的'后门'……"

郑念随后写道：在我关在第一看守所期间（指 1966 年 9 月至 1973 年 3 月），中国似乎已变了，不是向着"文化大革命"认为的引导国家向前走的方向变化。

我问席（郑的干女儿）为什么众多病人能如此心平气和地接受这种不平待遇？席说："他们自己也有其他'后门'，尽管在这里没有，但在别处，他们有他们的优先权。"

"那没有'后门'的人怎么办？"

这显然是不用回答的问题。

很快，郑念也成了"后门"社会的一员。她是这样写的：这是我首次接触"后门"的概念。但过了些时候，我自己也成了个"开后门"的专家……我觉得自己也在一步一步被卷入这个"后门"的罗网了。

就像人们常说的，你得益于什么通常也就受制于什么。中国人重视家庭、重视血缘的传统，以及流传数千年的重视宗族甚至姓氏的文化传统，的确给中华民族强大的生命力。在外来民族入侵的时候，即便外来民族占据了统治地位，最终也会被慢慢汉化，元朝和清朝都是这种情况。但是，这种重视家族、重视宗族关系的传统，也造成了目前"关系"盛行的社会状况。连外国人都深知关系在中国的重要性。

这个社会比我们想象的进步快

在日复一日的刻板生活中，社会的发展，似乎极其缓慢，给人一种一成不变的感觉，仿佛可以这样按部就班地过到老、过到头，过完平淡却安稳的一生。然而世间哪有这么美的事儿！很多人多少年过去后蓦然回首，才发觉物是人非，或人是物非。真实的人间社会，是静水深流，表面风平浪静波澜不惊，底下波涛汹涌一日千里。我们如果没有一点紧跟社会、与时俱进的意识，若干年后，有可能被时代远远地抛在后面。就像生活在今天，如果没用过淘宝没有支付宝，没有开通微信支付功能，不会在 QQ 上交流互动，不会上 12306 网站买火车票高铁票，那简直没法在这个社会上立足。

在这方面给我上的最深刻的一课，是春运期间购买火车票的经历。

大凡不是一直待在父母身边学习和生活的 30 岁往上的中国人，只要工作的城市离父母的家三五百公里以上，大抵对过年买火车票这事儿都有刻骨铭心的记忆。

作为一个人口大国，火车运力紧张的问题一直存在。进入上世纪 90 年代，随着人口外流数字年年攀升，过年期间买票难的问题愈演愈烈，“一票难求”成为春运期间必须要演的戏码。直至 2012 年，铁道部推出网上购票这一措施后，这一出戏基本上谢幕了。

当年春运期间的火车票紧张到什么程度？——以我老家所在的线路为例，通过正规渠道去火车站代售点根本买不到票，通过非正规渠道找“黄牛”找关系买也难以如愿。年前半个月开始，任凭你发动各种渠道等候到三更半夜，愣是见不到车票的影子，最后的选择要么买票到离家近点的大城市然后转车，要么改乘飞机，或者坐大年三十除夕夜的车。除此，没有其他任何办法。

记得上世纪 90 年代中期的某年春节，在实在买不到票的情况下，选择了除夕之前回老家。到家已经是年三十晚上七八点了，错过了年夜饭。返回工作地的时候，因为买不到直达的火车票，同学的父亲在不知拐了多少道弯后，找到了中转城市铁路系统的关系，托对方在我们中转的时候想办法帮我们登上列车。

在这之后的一两年，我甚至有动用“国际友人”买票也未能成功的经历。

那一年春节，因为要去双方父母家过年，所以特地请了好几天假，早早地开始购买车票。无奈找了多少黄牛，也未见票影。假日时间何其宝贵，在约定动身回老家的前一天晚上，为了买到哪怕是硬座火车票，折腾到了深夜 11 点多，甚至请出了在中国留学的外国学生，大老远地从城市的西北方向奔往位于城南的火车站，在外宾窗口排队。即便如此折腾，也没有买到票。

第二天，年轻气盛的我们决定直接去火车站等退票。一早到车站，退票窗口排着长龙，但没有我们要的票。无奈之下买了终点站为回家必经城市的硬座车票，抱着走到哪算哪的想法上了车。

进入 21 世纪，春运火车票购买更是一年难似一年。曾受同学委托帮他买票。没曾想因为难买，这个同学到处托人买票，临到最后几方一合计，车票买重了。得，从一个受委托买票的人变成了“票贩子”，四处张罗着把多余的票卖出去。好在那时网络已经兴起，在网上发个帖子，很快就有人上门将票取走。

这样又过了几年。每年春节之前那段时间都像打信息仗一样，多方委托到处打听。有一年，早在过年前一个半月，就委托火车票代卖点的人帮买一张年前的票。那年放假比较早，足足离春节还有半个月，自我感觉今年避开了出行高峰，车票应该没有问题。想不到还是过于乐观。从开始出票的那天起，便一天天催问代卖点的人，对方总是说再等等。那时的出票时间，是火车发车前十来天，票一出来便被抢光了。到后来其实已经没有指望，不过代售点的人没有回绝，便也抱着掩耳盗铃的心态自欺欺人地一天天干等。终于到了原定出发时间的前一天晚上，仍旧两手空空。于是便又像多年前那样，第二天一早拎起包前往车站碰退票。依然是没有直达车的退票，还是买了中途路过城市的火车票。

再后来，“关系票”越发猖獗，火车票购买俨然成了严重的社会问题，最高领导也不得不发话了。记得2009年春节，托朋友找了铁道部的领导，觉得这回应该安心等票了。没想到那年国人对火车票购买问题意见太大，风声传到了总书记耳朵里。总书记发话，谁也不许搞关系票，谁搞免了谁的职。这位领导后来派司机去车站拿票，去了两次都没有办成。监控太严，谁也不敢拿头上的乌纱帽换一张薄薄的车票。我最终决定改乘飞机。好在那时坐飞机的人不算多，机票还买得到。换作现在，估计飞机票也早没了。

2010年春节，又是找了各路神仙，始终买不到一张票。最后只能去网上寻找，找到了因故不能出行的人。这张票并不到我所要去的城市，而是到还要继续往前走两三百公里的地方，票价自然贵一些。那时已顾不得这么多。对方说买票时给了“黄牛”上百元额外的费用，所以这部分支出也要随票一并转让。这样算下来，这张票的价格已经差不多是正常票价的两倍了。那些年，无数的财富在一张张薄薄的车票间流动。“黄牛党”和火车票代售点，都遵循着一年不开张，开张吃一年的心态从事春运期间的火车票购买事宜。关系硬的“黄牛党”和火车票代售点，一季春运下来，挣个几百万元不是什么难事。

其后一两年，铁道部也感觉到社会舆论的压力，推出电话订票。打电话有线路限制，这种订票方式因高峰时期电话难以打进而没有得到大规模推广。

2012 年，属于普通老百姓的日子终于到来了，铁道部推出了 12306 购票网站。当年年底，还在翻老黄历的我，在经过多处托人买票似乎都不靠谱后，决定开通网上账号。没想到很快购买成功，往返的车票都搞定了。自此，上演了十几年的在过年之前一个月甚至两三个月就开始到处托人买票（因为不知道最终哪家能买到是以广泛撒网请托）的戏码，终于落幕了。上网站买火车票，足不出户轻松搞定。

回想这十几年的购票史，围绕着买票经历了多少悲喜剧、人情剧。在一些单位，有能力在春运期间买到火车票的人，成了大能人，尽管能够让他发挥作用的时间不会超过半个月，但围绕他所做的铺垫公关早在一两个月前就得开始。一些单位为了能让外单位帮本单位员工购买火车票，长年累月跟对方搞关系，逢年过节必送礼品，指望的就是在春运的关键时期，对方能给单位的员工搞到几张车票。

这一切都一去不复返了。从 2014 年春运开始，火车票在网上提前 60 天放票。仔细观察了几天，发现除了临近春节前的两三天车票比较紧张，放出售票信息以后很快被抢光外，其他时间段，票源非常富裕。最不济无座票是有的。就是临近春节那两天，只要守在电脑前捡漏，还是能买到被抢买后又退掉的一些车票。真不知道前些年提前半个月竟然落实不了一张无座票的原因。那些票最后都到了哪里？如今，一切都网络化了。在电脑面前，所有的人，所有的信息，都是平等而透明的。

这是互联网的胜利，从深层思考，这其实是社会进步的胜利。回顾仅仅四五年前的春运期间购票“黄历”，再看如今鼠标轻点、票即到手的便当快捷，真让人有恍如隔世之感，感叹社会在不知不觉中前进。

尽管互联网在上世纪 90 年代中期进入中国，而铁道部推出网上购票，却是在将近 20 年后。这一进步比起技术提供的许可来说，似乎慢了些。但一想到这样的进步，是以多少既得利益者的利益丧失为代价，便会觉得社会的进步还是相当快，因为它打破的，是沿袭了几千年的“靠山吃山”、“雁过拔毛”的运转恶习，它终结了多少年来凭着与火车站的特殊关系牟取暴利的食利网点——火车票代售点，这样的利益撼动，放在以前是根本不可想象的。

我们社会的童稚化倾向

一

对于刚出校门就进社会大门的很多年轻人来说，相对于单位里那点基础性工作，同事之间的关系更令人头疼，真真有孔子形容的唯小人与女子难养的那种感觉：近之则不逊，远之则怨。近不得，远不得；轻不得，重不得；好不得，坏不得，做人之难，难至于此。

事实上，人际关系说难处也难处，说好处也好处，只要我们抓住人际关系的核心，就不会觉得它难以处置。对社会上的交往规则和各种人际现象，有一个抓手可以为我们所用，那就是我们的人际关系存在着童稚化倾向。

有专家认为，由于中国文化中不存在西方式的个体灵魂观念，所以中国人没有什么明确的自我“疆界”。中国人的人际交往，往往是一种界线不明的模糊混沌状态，搅作一团。关于这一点，孔夫子说得很明确。他说：人者，仁也。意思是人所具有的各种美德属于仁的范畴。仁，就是仁爱，指的是人与人之间的亲近友爱，这本来就是一个互相的概念。从造字法来说，“仁”是一个会意字，从人，从二。意思是两个人在一起，两个人愿意走在一起，表明相互之间都有亲近的要求，否则就不会走在一起。事实也是这样，中国人自小就有这样的观念，“人”只有在社会关系中才能体现，只有在“二人”或“二人”以上的对应关系中，才能对任何一方下定义。中国人最理想的家国境界便是几世同堂，大团圆，大一统，天下大同，都是群体性的概念。

这种以对方定义自己的观念，说到底是精神及心理不成熟的表现。它表明个体还没有独立的人格及精神，需要依赖于他人才可以定义自己。

同样，在日常生活中，很多事务被冠之以“吃”的概念，也是童稚化人格倾向的典型表现。我们知道，婴幼儿包括儿童最主要的需求便是口腹之欲，所以才有那么多的失踪儿童让人贩子给点糖就跟着走，有那么多婴幼儿只要嘴巴被塞上美食，号啕大哭立马变成抽抽噎噎，转而变成心满意足，喜笑颜开。用食物笼络童心，是一种常见的贿赂儿童的方法，我们的人际交往，也投射了小孩子的这一心性。中国人想要拉近人际关系，最常见的方式是“请客吃饭”。这比任何其他方式都有效果。一个人如果愿意接受邀请，事情就成功了一多半。此招用在成年人身上作用是如此的立竿见影，足见很多人心智水平的“儿童化”倾向。

很多常规的人际交往词语也显示出了“吃”文化的渗透。比如，不认识的人是“生人”，相识的人是“熟人”。在某人或某个圈子、团体里有威望、讲得起话叫“吃得开”，否则叫“吃不开”。如果别人不买账就叫“不吃他那一套”，反之就叫“吃他那一套”。给人一点好处叫“给他点甜头”，得到一点好处叫“尝到了甜头”。一个人经济、局面太窘迫叫“寒酸”。酸，当然也是饮食里面的概念，涩而难吃是为酸。我家乡的土话提到“酸”必定说是“生酸”，即未熟发酸，它表明这是一个“不熟（即生）”的情境。“衣着寒酸”一词描绘的尽管是人的衣着状况，其实与人际关系中“生”、“熟”的概念紧密相关。至于吃亏、不肯吃亏、吃不了亏，都是在人际交往中引入“吃”这一概念的典型。

经常被人诟病的窝里斗，同样显示了童稚化的倾向。还记得小学时那些早熟的同学搞的帮派活动吗？一个班级统共不过四五十个学生，同性的同学就更少了，即使在这一二十人当中，拉帮结伙的帮派斗争也是存在的。走上社会后发现，单位里那些斗来斗去的窝里斗行为，与小学生玩的把戏如出一辙。

阳奉阴违的做法在成人世界里比较常见。这种无诚信、无底线的做派，只能称之为顽童的行为，而不能算人格已经发展至完整阶段的成熟个体的行为。

口是心非则是另一种常见行为。这样的心口不一，也是个体儿童化倾向的一种表现。我们很少见到人们对于金钱、地位甚至于美色口头上的谦让，但在子女教育上，这一行为准则十分常见。经常听到为人父母者说，我们对孩子没有什么要求，只要他（她）快乐成长就够了。可是一下手呢，却要求琴棋书画全涉，语数英成绩全优。从最好的幼儿园开始，到最好的小学、初中、高中，最后当然要求最好的大学。这一路走来，别说课内学业了，光是课外培训班和各种技能的学习，就不可能“快乐”起来，孩子们没有被整趴下已经属于抗压能力特别强的了。当爹妈的说这样的口是心非话，本来是说给别人听的，可是说多了却把自己也绕了进去。后果之一就是都市“剩女”的大量诞生。

很多优秀的女孩子，当年“谦虚”的父母在外人面前常常宣称“女孩子，要求不高，能够自立就行”。可是，按照父母这一路优秀培养出来的女孩子，怎么可能仅仅自立，她必然成为职场精英。这样的女孩如果没有强烈的自省精神，极有可能走入父母这些年“口是心非”的怪圈。她们本身并不是没有人追，自己也并非没有成婚的愿望，却在婚姻问题上蹉跎了岁月。假如你问这些女孩，她们对结婚对象有什么要求，她们必定告诉你，没有什么要求。这个“没有要求”实乃最高要求，这才是她们这么多年一直未能嫁得如意郎君的终极原因。在她们“没有要求”的表象下，关于未来配偶的财富、地位、样貌、身高、前程、脾气、秉性、家庭情况，其实是一样都不能少的。这就难坏了月老。人非神仙，岂能毫无缺点短处。按照这样“没有要求”的要求去找对象，不剩下你剩下谁？这才是都市出现一波波“恨嫁”姑娘的根本原因。曾看过一篇文章，讲的是按照年龄、身高、财富、地位、样貌、家庭情况等一一筛选，像北京这样有着2000万人口的大都市，符合某些姑娘心目中的适婚对象，不会超过三位数。在上千万人口的大城市寻觅几百个个体，有多大的概率？

所以，姑娘们，醒醒吧，爹妈的口是心非是说着玩的，咱们在找对象这事儿上可不能当真，毕竟咱们自己也不是那么完美无缺。人类的可悲之处也就在这里。本来那些口是心非的语言习惯，是想哄哄别人的，可是几十年哄下来，却哄到了自己身上，哄到了子女身上，这也算是可怜之人必有可恨之处的一点注解吧。

在评判人事的时候，人们常常用“类型化”而不是用具有“个体化”深度的方式去看人看事。尤其是在文学与影视作品中，存在着黑白分明的扁平化特质，而很少有展示人性复杂的立体描绘，这是童稚化心态在文学艺术方面的体现。

二

我们的童稚化倾向，不仅表现在人我界线不分，稚气十足，还表现在行事没有“度”上，不知道如何去把握尺度。所以有人说，一些强权“一有机会就会在公众头上倒屎倒尿”。

这种倾向，有时还呈现出近似婴儿时期的自恋狂。比如，去别人家里做客或在其他事务中，有时明明很想接受某种邀请或享受某项待遇，当主人或他人提起时，却往往加以拒绝。这一行径往好了说，是有修养讲客气，往不好了说是真虚伪假客气。从深层剖析，它类似于孩子气的自恋，总要人家三番五次地请求，才扭扭捏捏地收下对方的好意；如果对方在遭拒后没有一而再再而三地请求，却顺势作罢，自己则又在心里腹诽对方不够意思，没有诚意，好像要人做他肚子里的蛔虫，摸得透他这些曲里拐弯的心思才算“有诚意”。

再比如，人际交往当中，“面子”是一个决定性的因素。面子是什么呢？是脸面。在中国人的观念中，这张脸珍贵无比。按理说，现在是市场经济社会了，“里子”比面子重要得多。但我们就是迈不过这个坎儿，还是一味地讲求面子。所以有死要面子活受罪的俗话。面子是什么，那是要靠别人给的，主动权不在自己手里，所以就形成了互相给面子这样一种游戏。这种游戏，说到底也是一种童稚化行为。有这样一则新闻，说的是两个北方某大城市的壮年男子，在餐厅聚会吃饭，餐毕后抢着付餐费，争执不下最后竟然动起手来，其中一个受伤进了医院。这样的新闻，如果不是生活在中国，尤其是中国的北方，是断然无法理解的。不用付餐费，是替自己省了钱，有什么不好呢？两个壮汉可不这么认为，他们认为不让自己付钱是没有面子的行为，所以才会有如此野蛮吓人的举动。

因为承认错误是极没面子的行为，所以，我们有着抵死不认错的基因。连外国人都知道中国人的这个特性。加拿大人 Pierre Ostrowski 混迹中国多年，写了本《中国人我知道》（*It's All Chinese To Me*）。书中写道：永远不要逼中国人认错，哪怕他的谎话极其拙劣。确实如此。日常生活中，我们时常会遇到一些对方办错了事情的小

“事故”。不管“事故”发生得如何荒谬，最终处理结果如何，当事人极少能从对方那儿听到一句“对不起”。仿佛此话一出口，道歉者的人格就矮了半截一样。

职场里的童稚化现象也很普遍。最常见的是人人都要找个靠山站队，保持中立是没有好果子吃的。因为在童稚化的人看来，中立意味着没有被收买，意味着不可靠，必须进行整服。他们从不认为，只不过是养家糊口的一份工作，他人凭什么要为了三五斗的收入，将灵魂出卖给自己？再说了，没有被收买就一定不可靠？这样的逻辑也是成问题的，它将职业道德和职业操守放在了何种位置？在这些人眼中，个体是没有独立的人格和灵魂的，一切都要绑在自己这个小群体的战车上，否则便是存有异心，其心可诛。当然，职场中更多的人也是童稚化的。不管是非与对错，只要有人给点甜头，立马放弃立场，加入阵营，成为某小团体的一员。说白了，这跟儿童玩过家家搞楚河汉界有些类似，都是心智未开化、未成熟的表现。

还有更典型的童稚化表现，这就是中国人的婚姻。自古以来，中国男人的择偶标准最主要的便是女方的年龄样貌，哪怕自己已经七老八十，只要有条件，这个指标是不会轻易变的；中国女人的婚配标准便是老公有权有钱有能耐，哪怕对方比自己大了两轮（24岁）三轮甚至四轮，自己跟对方的孙子是同一个年代的人，也在所不惜。他们全不在意自己与配偶有无共同语言，一切只围绕着上述的硬指标转。有人做过调查，发现国外男人如果离异再婚，找的女人多半是跟自己年龄相仿的离异女，很少再找未婚姑娘（也许是找不到，不过找不到本身便说明了社会风气不赞成老牛吃嫩草）。在中国，一个有点权有些钱有了资源与能耐的离异男人，是不太可能再去找一个跟自己差不多大的离异女人，那样的女人，是给那些无钱无权、混得实在不怎么样的窝囊男人准备的。

也有人曾经好奇，是不是西方男人的审美观有问题，分不出颜面姣好、年轻滋润与面部松弛、细纹丛生的区别，然而一项通过看女人面部照片判断美丑的调查显示，中西方男人对美女认知并无差别。从西方男人关于美女模样的选择来看，他们跟东方男人一样，知道哪些长相属于顶级美女行列哪些长相属于端庄行列。这么说来，只能解释为西方男人在择偶的时候，更理智，也更成熟。他们知道年轻美女相伴的确赏心悦目，非常长脸，但他们更认可思想、情趣和生活理念的一致。一句话，更看重的是灵魂的匹配度，而非年龄及外表。所以他们才不会像我们的男人择偶那么专一——除了年轻漂亮，还是年轻漂亮。当然，女人也一样。西方女人似乎也没有中国女人如此拜金，找对象除了金钱地位还是金钱地位。我只能将这样的选择解释为穷怕了，穷得只知道金钱与地位，无暇顾及其他。

关于西方男人择偶更理性成熟的论断，不是我个人的臆测，实则有很多事例支撑。上世纪八九十年代，能够出国留学的都是非常优秀的，因为彼时大家都很穷，是断然不敢自费出国的，只能走公派出国和申请国外大学奖学金这样的道路。这就意味着能出去的都是非同一般的，不是在领导眼中拔尖（所以才有可能得到公派出国指标），就是在国外大学招生官眼中拔尖（所以才会在没有见过面的情况下颁给奖学金）。不是说优秀的女孩长相一定不好，但我确实认识几个女孩子，长相普通，学业很好。她们出去之后，生活和工作都如鱼得水。最令人惊异的是，以世俗的标准，她们最后找的配偶都非常出色。其中一个女孩，出去的时候快 30 岁了，在国内绝对属于找对象有困难的准“困难户”（不是她找不到对象，是以她的学历、工作背景，很难找到与其匹配的男性）。去美国待了几年，竟然找了一个金发碧眼、肤白个高的白人男子为夫，对方还是一个收入很好的职场金领。当她携夫君回国探亲的时候，真是亮瞎了大家的眼。

我们这群没有出过国的八卦婆们分析，也许是西方人对东方并不了解，接触的东方人也少，所以那些长相平平的女同胞，在西方男人看来也许更具有东方异域特色。不管怎么说，在国内出路困难的女同胞出国以后行情看好是不争的事实，对于我们这个在择偶上只看重外表和“实力”的社会，走出去也许是“剩男”“剩女”可以考虑的出路。

最近20年来，随着中国经济的发展，我们这个社会乌烟瘴气多有泛滥（当然近几年在中央的强力治理下这一现象有了极大改善）。古人早就说过，饱暖思淫欲。这一规律尤其契合我们这个童稚化的社会。那些从国外来的人，看着满大街的足浴洗浴夜总会，惊了个外焦里嫩。很多被派驻中国的外国男人乐不思蜀，而很多外国女人（包括已在国外安家落户的华人女性）也不放心精英丈夫来中国公干。因为这里的风气太开放，这里的女人太“解放”。风传好多条件优越有能力在国外工作和生活的男人，死活不愿意出去，无他，国外太干净了，太无聊了。更别说国内有的年轻女人，三观与贪官的节操一样无底线，只要能找到多金男，哪管礼义廉耻。这可是国外年轻妹子不会有的福利，尽管她们还顶着性解放的帽子，这“解放”的力度，比起国内差多了。

生活在一个有着五千年文明史的古老国度里的人，却有着童稚化的种种思维与表现，的确匪夷所思。思来想去，只能说如果我们不是真幼稚，就是装幼稚。之所以要装幼稚，是因为以幼稚的方式行事，可以得到以成熟的方式行事所不可能得到的好处。

谈势利

不知从什么时候开始，我们这个社会，对势利眼儿展开了无情抨击。当然，抨击的主力军肯定是没有“势力”，在生活和工作的种种际遇中遇到过势利眼儿，从此让自己恨意难平，所以才会如此经年累月不怕麻烦地打压与抹黑“势利”的主儿。至于那些势利的主儿呢，人家其实对此是不大在意的。你控诉你的，他势利他的。他自然阻挡不了你控诉，可是你的控诉伤不了他毫毛。相反地，他的势利，可是真真切切造成了你的某种损失和不便，或曰办不成事儿，达不到目的，再不济，他损伤了你作为一个“有尊严”的个体的尊严。被人打了脸，这仇结得真非同小可。

当我们从另一个角度分析，便会发现势利眼儿的存在，不仅有其科学基础，而且有其独特价值。

实事求是地说，势利眼的存在，很重要的原因是资源的有限性，需求和供给的不对等，否则也没人非要做恶人。当然，不排除某些势利眼儿的存在，单纯就是为了“势利”，譬如有些人一见农民工，就硬要给人贴上素质低、不讲卫生的标签，他才不管素质高低与否，与文化程度的高低并不必然地画等号，而农民工有时显得好像不够讲卫生，也并不是他们不想讲卫生，只不过工作要求与生活条件导致他在某些时候必然是这个样子——除此之外的众多的势利眼儿，我在这里归结为“善意势利”，或曰“被迫势利”，只不过是面对巨大的需求不能一一满足后的权衡、算计，是不得已而为之的无奈之举。

兹以当前大家感受颇深的义务教育升学过程为例。在《义务教育法》的指引下，免试升学成了法定义务，大城市的教育主管部门，为防止大家一窝蜂地择校，又推出了电脑派位这一升学“法宝”。这一打太极似的升学办法直接把家长逼到了第一线，家长们赤膊上阵的结果，是把学校校长架上了火堆。面对各路人马各显神通的打招呼递条子明里施压暗里使劲，据说大城市里那些顶尖学校的一把手，总会在每年春季升学最关键的当口，消失若干天，电话不接，短信不回。因为来找的人实在太多，而自己又不能一一满足，也不便一口回绝，只得采取躲为上、拖字诀的对策，过了招生的风口再说。

当然，在躲无可躲的时候，校长们也会拿出自己的看家本领，做黑脸包公，当太极高手，诉苦诉难……一切以学校的招生工作尽量不受家长们的“攻势”影响为目标，与家长论持久战。在这些五花八门的本领中，我就听到过有位校长使出的绝招，便是直接将“利益”二字祭出，摆出一股我就是势利的样子，倒也挡住了不少家长。

这个学校是众人眼中当然的“牛校”，以致在某城市，很多家长、学生早早就立下了“非某某学校不读”的宏愿。那身校服，多少小孩“梦寐以求”，一旦穿上，便再难脱下。你如果知晓那些十四五岁的少年，为了高中能继续留在这个学校读书，在初中如何拼命学习，便能理解这所学校有着怎样的魔力。用一些大人的话来说，这校服算是长在身上了。这个优质校，甚至将分校办到了海外，在教育强国落地生根。可以想见，这个学校的校长——那个一手将学校从优秀带上卓越道路的人，在升学季会面临怎样的攻势。

据说，升学季到了最关键的时刻，“战斗”最激烈的时候，老校长有时会拉开一抽屉的条子，欲哭无泪。这么多的条子，哪一张都得罪不起，哪一方的大神都不敢得罪，否则，以后说不定什么时候有事找到人家，被修理了还不知道是怎么回事儿。撑着到最后关头，老校长拿出了他的智慧，对那些递条子的、打电话的、说情的、求学的，一律给予类似钱学森之问的中国式问话：你能给我们带来什么？你能帮我们做什么？

这一问非常赤裸裸，但这一问也直接挡住了很多人，打消了他们的念想。试想，一个全市顶尖的学校，面对多少生源，你在这儿唧唧歪歪口口声声号称非此校不读，那么现在学校给你机会了：你能帮学校做点什么，或给学校带来何种新气象？家长如果说，我帮不了学校什么，也不能给学校带来什么资源，我的孩子尚没有优秀到能让学校以他为荣的程度……撤退就是他们唯一的选择。既然帮不了学校，升学名额又这么紧缺，作为家长或中间人怎好意思红口白牙拿着一张嘴巴要求自家的孩子进这个学校？当然，如果自家的孩子是少年陈景润或少年华罗庚，倒也可以毛遂自荐，可惜都不是。这样想来，好多人便偃旗息鼓，不再做“梦”。

老校长的智慧，的确不比旁人。在旁人看来几乎无解的升学战，硬生生地被老校长撕开了一个口子。大家败得心服口服。回答不了老校长的“钱学森之问”，怨谁？只能怨自己。怨自己没有大本事大资源，以致不能在关键时刻派上用场，或者怨自己基因平庸，没有生出天赋异禀的下一代。

这也是本文所要阐述的宗旨。很多时候我们受到势利眼儿的侵犯，便汲汲然地对此耿耿于怀，恨不得食其肉寝其皮，其实换一个角度看，它何尝不是对我们的激励和警醒?！它提示我们自己还不够优秀，所站的位置还不够高，所拥有的资源还不够多，所以才会遭受如此的“羞辱”。古人说，知耻近乎勇。能够从“羞辱”中获取向上的力量和奋进的勇气，是我们该有的担当。一味地作践势利眼儿，除了获得一点阿Q式的精神愉悦，其实什么也没得到，对目前被羞辱的处境的改观，起不到任何积极作用。

根据对势利眼儿作出反应的不同，可以将人们分成强者式的“受迫害者”和弱者式的“受迫害者”。我们经常碰到的，大多是弱者式的“受迫害者”。他们所能做出的反击，也就是如祥林嫂般的“碎碎念”，既无作用也无效果，多说不仅无益，说不定还会遭到旁人的白眼，实在是弱爆了。

何况在这个功利的社会，谁又是不势利的呢？甭说旁人，如今竟连父母也有可能势利起来，让人不免心头起寒。我的一位朋友，自从十多年前和我同时入住这个小区以来，常年只有外婆妈妈和女儿在一起生活，男人多年来一直在另一个一线城市工作。刚搬来时，女儿还没上小学，如今都上大学了。原来也没觉得这样的家庭有什么不对劲儿，毕竟都是早出晚归的都市上班族，能理解为了稻粱谋双方不得不两地分居的境况。但饶是像我这样既开通又迟钝的局外人，这几年也觉得些许不正常了。女儿上小学时，还能时常见到当爸的回家探亲。自从女儿上了初中尤其是进入高中以来，这个当丈夫当父亲的，倒经常见不到了。近两年更是一年到头也难得见到一次。听说前几年男人回来探亲时还时不时与妻子吵架。女儿高考的时候，似乎未见老爸露面。好在女儿一直很争气，据说学习不用大人操心的。

转折出现在夏天。高考结果出来了，女孩的分数很高，上最好的大学没有问题。当妈的经过咨询，最终让孩子上了国内排名前两位的大学里一个极好的专业。据说这个专业是这所大学的强项，在全球高校中的排名也很靠前，某些专业课直接用英文上，使用的也是原版英文教材。那段时间，不独女孩家喜气洋洋，经常有熟人朋友前来道贺取经，连我们这些做朋友的，也觉得“与有荣焉”。没想到当年那个扎着小辫的小妞，如今不仅成了大姑娘，而且成了天之骄子。

当爸的这时当然露面了，整天喜兴地与母女俩进进出出，碰到有人询问孩子想学的专业之类的问题也能开心地答问。

让大家觉出不对劲儿的是孩子上大学半年后。这半年，这个近几年来几乎难得回来一趟的男人，如今在短短几个月的时间里竟然回来五六趟，小区里的人经常能看见那个高高瘦瘦的身影出现在广场上。这么频繁的探亲频率，大概平均一个月一次了吧。最近的一次，是在春节前，这是回来过年了。原先他们家过年也是悄没声息的，尤其最近几年，男人在春节期间几乎不露面。

邻居说，这是看女儿有出息了，紧着回来了。一起住了十多年，眼见着小女孩从幼儿园儿童长大到如今的优秀大学生的邻居们，都觉得这个男人肯定有故事，否则无法解释这么多年近乎消失一样的探亲频率。如今眼看着家里的女儿前途无量，他当然得时不时回来热乎着娘儿俩。

看，父母都能如此势利，我们还能不发奋努力吗?!

没有人能够随便成功

一

很多人对冰心老奶奶在文坛上的地位不以为然，觉得她没有什么文学成就，能够有如此显赫的名声大抵是沾了时代和性别的光。不过冰心的确有些小清新文字，读来令人耳目一新，回味悠长。下面这首小诗，即是其代表性作品之一，经常被大家引用：

成功的花，
人们只惊羡她现时的明艳！
然而当初她的芽儿，
浸透了奋斗的泪泉，
洒遍了牺牲的血雨。

文坛祖母的这首小诗，从来没有像今天这样对 F 的胃口。结合如今的社会氛围，他把这首小诗的含义浓缩成了一句带有励志性质的话语：没有人能够随随便便成功。F 之所以感触颇多，是因为他儿子今年中考。

本来作为单位的中层领导，F 并没有成功人生的点滴感悟。作为职场“夹心饼干”，F 充其量也就是个生产队长，离成功还差着十万八千里。

引发 F 生出感触的，是最近儿子备战中考，以及在网上看到外地网友对 F 儿子这种一线城市学生占有教育资源的主观臆测。

F 儿子在某一线城市最好的中学读初三，今年中考。

也许是现在孩子少了，也许是生活好了，总之，不知从什么时候开始，大城市的孩子，自呱呱坠地起步，视力还没有发育完全，就开始了学习上的马拉松赛跑。更有甚者，还在母亲肚子里的时候，就开始接受“胎教”。当妈的整天没事在身边放些声响，让那四肢可能都还未发育完整的肉胎在肚子里接受教育。

如果说这自打娘胎开始的家庭教育，还带着一股自觉自愿的气息的话，进入学校教育的方方面面，才真正考验都市人的能力、智力和耐力。

就说学龄前的幼儿园教育吧。本来这种非义务教育阶段的圈养，是没有什么教学内容的。要有也是点缀。然而，近些年的幼儿园教育早就不是这么回事了。如果在幼儿园待了三年，还没有学会简单的语文、数学知识，进入小学后极有可能跟不上课。无它，别人都早早在家或在幼儿园接触了简单的数学知识，认识了简单的汉字，学会了拼音，小学老师一看大部分学生都会，自然不会细讲。自家散养的孩子，就这么云里雾里地跟不上教学进度了。孩子上小学后的第一个国庆节，不少家长是在给孩子补课的焦虑中度过的。经过一个月的学习，自家孩子“笨鸟”不会飞的情况暴露无遗，再不利用宝贵的长假突击补习一下，只怕孩子真的要输在起跑线上了。

当孩子一年年地长大，成为一名少年，家长们发现，孩子小学那几年的学习生涯，比起后面小学升初中和初中升高中的战斗，真叫毛毛雨、小意思。不知是谁发明了“小升初”这个专有名词。它的内涵威力，没有经历过的人无法领略。小学与初中均属义务教育，按《义务教育法》规定免试就近入学，是一种人人都享有权利的平等化、均衡化升学。由于初中学校的教学质量大不相同，甚至只隔一条街，两所学校的教学质量便有天壤之别，这就使得很多家长不愿意“被平等”。

从学校方面说，大家都承认教育的力量，老师的作用，但不可否认的是，学生的资质、学习意愿包括家庭教育是学校教育能否出成果的重要原因。这就造成了目前这样的升学局面：家长愿意送孩子去教学质量好的学校，学校也愿意收学习好的学生。但学校不能公开声明自己的选择倾向。因为学校从事的是义务教育，是对全体未成年公民的教育，一个都不能少，应该按照“有教无类”的原则收学生。可是教学成果在三年后初中升高中过程中的量化，又使得初中学校不敢唱这样的高调。因为同一个老师教不同的学生，聪明的和不太聪明的，肯学的和不肯学的，家庭氛围好的和家庭有矛盾的，结果大不相同，挑不挑学生，最终的结果大相径庭。

学校和家长都有强烈的选择动机，这便有了形形色色的“小升初”途径，这才诞生了庞大而深不可测的“小升初”市场。小学阶段是义务教育，教得简单，学得也简单。初中教育也属义务教育，小学升初中按免试就近原则入学，不能组织选拔性考试，但教学质量三六九等的初中校又想招到相应水平的学生，这中间的关节与窍门，才是风靡大城市“小升初”热潮的奥妙所在。

小学升初中虽然是在六年级才开始进入教委的议事日程，对于很多家长和学生来说，早在进入小学之前或者在入学不久的一二年级就已经打响了第一枪。这些“枪”怎么打的，里面的门道很多，在这里不细说了。你只需要了解这样一个事实：在北京上海等一线城市，小升初是所有培训机构里最庞大也是最肥的一块“肉”，几十万年薪的老师不在少数，百万年薪的老师也有。至于小升初的途径，除了教委实行的电脑派位，其他七七八八的渠道至少有五六种。这里面，普通家庭拼的也只能是孩子的学习，参加各类学校组织的各类考试（前面说了，义务教育阶段的升学不能进行选拔性考试，怎么又有这样的考试？此事一言难尽，暂且不表）。这类考试秉承的原则只有一个，即“（初中）考的（小学）不教，（小学）教的（初中）不考”。把握这个原则家长再去找辙，你便会明白为什么教育培训机构的生意会那么好！小学不教，中学要考，那自然有人教，家长只需准备大把银子即可。据说自 2014 年开始，北京市教委对小升初政策作了改革，以尽量淡化家长们的择校风。但只要教育资源差异明显存在，家长们还是会盯着那些好学校，八仙过海、各显神通的时代仍旧没有过去。

这样一路拼上一个如意初中的同学，到了初中升高中的阶段，真正的考验来了。初中三年，仍属义务教育。因此，学校有让学生有学上的“义务”，却没有帮学生考上理想高中的“责任”，再加上教育主管部门声声提倡的素质教育，不明就里的社会舆论跟着起哄，于是学生和家长头脑里的弦都松了下来。初中的孩子还小，十二三岁，十三四岁，正是懵懂爱玩的年龄，指望他多么自觉地学习不太现实。两年一晃便过，到了初三，学生和家长悚然发现，像北京上海这样的大城市，虽说教育资源丰富，资讯发达，却还有百分之三四十的初中毕业生无法上普通高中，只能上职业高中。百分之六十多的普通高中升学率，包括一些比较差的学校。在这些差校就读的学生，三年后升学困难，以进三本居多，考个二本都是好学生，一本则属凤毛麟角。如今大学生就业已经出现困难局面，但无论家长还是孩子本人，想的大多是上全日制本科，并且最好是一本，上个二本、三本都有点抬不起头来。大城市地盘大路途远，交通不便利，如果在离家 8 公里 10 公里的学校上学，这路上的折腾想想就头皮发麻。高中生看起来像个大人，其实还是个孩子，本质上也属未成年人，路途太远的学校交通安全也是个问题。这样一来，可选择的余地就太小了。所以初三一年，为了能上一个理想的高中，F 那个重点中学初中部实验班的儿子，开始了“拼”的历程。

自从 8 月底初三开学摸底考试开始，F 的儿子就没有在晚上 11 点以前休息的时候，确切地说，基本没有在 11 点半之前休息的日子，11 点半以后入睡也不少见。一个月一次考试，每次考完全校大排名，耳边时时响起的是“一分一操场”的告诫。为了那“一操场”，孩子们只有拼了。初三这年的元旦，F 和儿子是听着寺庙的钟声迎来新年的。搬到这个地方住了十几年，虽然听闻旁边的景点每年都要敲钟迎新，但 F 一次也没有听见过，今年算是托儿子的福听了个新鲜。春节，更是过得节俭、高效、紧张。儿子主动要求把已经订好的准备去放松几天的旅游胜地的机票、宾馆退掉。整个春节，除了少数几次在外就餐，一家三口连个街心公园也没时间去。年三十那晚，除了外出吃年夜饭花了两个小时，伴随着阵阵爆竹声，儿子照例学到了深夜。

体育在中考中占有 40 分的分值。为了在老师们看来是“送”的 40 分，小朋友们全都拼了。一开学，体育老师就带着学生天天对考试项目进行专项练习，800 米和 1000 米跑步，绕杆过球，男生的实心球或引体向上，女生的实心球或仰卧起坐。现在的孩子运动虽多，臂力却不行，毕竟不干体力活，这就给了大家一个下马威。开学不到一个月的测验，同学们的体育成绩都很糟糕，离“送分”给自己还差得很远。F 的儿子，1 米 76 的大小伙，引体向上只能勉强做一个，而满分需要做 13 个。老师说，体育考试把考试内容都提前告诉大家了，其他科可没这样的。更何况体育第一个考试，这中考第一枪要是没打好，提前就比别人落了下风。参照儿子的体育现状，F

都快绝望了，建议儿子为练臂力，可以每天上下学时，手拎十几斤重的书包锻炼。儿子虽然没听从老爹的建议，但在学校特别发狠地练引体向上。那段时间，细嫩的小手练得出血起泡。为防止做引体向上时手滑，学校给孩子们准备了球类运动防滑用的镁粉。据儿子说，此粉兼有止痛功能，能让手掌没有痛感。所以尽管手掌起泡长蚕，F 的儿子一点都不敢耽误，每天练习。

一边承受高强度的体育训练，一边对付多如牛毛的作业和试卷。初三一年，熬夜对很多孩子来说是常态。每天六七个小时的睡眠，高强度的体力和智力训练，这些正在长个子抽条儿的青春期少年，一个个越发地呈出瘦瘦的身板儿了。

即便如此，随着中考一天天临近，家长群里关于哪个重点中学提前签了多少优秀学生，哪个学校国际部提前面试了多少拨学生的消息不时传出。作为既不是优秀学生家长又不想让这东奔西跑的提前考试影响儿子备考的 F，看着从来没有学校找自己签约的现状，也没有学校打电话来让自己孩子前去考试的空白经历，心里不由得打着小鼓。这便是自称已经“拼了命在学”，近一年来老师和家长也觉得孩子特别拼的 F 的儿子，一个非常努力刻苦却还不知结果如何的中考生目前的临考现状。

这样的备考压力和心理焦灼，双双压在了那些十四五岁的孩子稚嫩的肩膀上。有家长说，自己的孩子在体育中考前由于太过紧张担心，竟然半夜在被窝里哭泣；另一位家长则说，自己的孩子在体育中考前几天，需要家长陪着睡；有家长说自家的孩子一考试就紧张，饭也吃不下，饭量明显减少；还有的家长则忙着给孩子找心理咨询师，说自家孩子在弱一些的科目上，一紧张便没有思路，脑子一片空白，因此每次考试都不理想。这种种的状态，都发生在初三备考这一年。小小年纪，就要承担超过生理年龄的心理、体力、精神上的压力，难怪现在一线城市各区教委，都设有免费的心理咨询老师。看着刚满15岁的儿子经历这样的磨炼和煎熬，让自上世纪80年代开始参加中考、高考，90年代参加研究生考试的F心里很不是滋味。

二

即便考上了理想的高中，这些孩子三年后能上理想大学的也是少数。近些年，高等教育实施向农村、向欠发达地区倾斜的政策，北大和清华这类优质学校，在北京等一线城市的招生人数有所减少。北京上海这些大城市的孩子，想要上顶尖大学，并不比外地学生容易。清华北大近年来文理科在北京的录取分数线一直稳定在670多分和690多分，高于大部分省份，仅低于高考大省浙江、山东等少数几个省份。但由于区域偏见，这些年来关于北京高考录取率的攻击一直没有停止过。被北京家长当成笑话一样传播的“北京的孩子400多分就可以上北大”的谣言，知情人虽然觉得此谣言造得不堪一击，用屁股想想都知道不可能是事实，更多的人却出于发泄不满的心理乐于不辨是非以讹传讹。这个谣言是如此的令人啼笑皆非，以致北京人民只能用坐多少路公交车可以到达清华北大人大自黑：（坐）333（路公交车）就能去清华，307就能去北大，302就能去人大。

当然，真相永远不是谣言能够掩盖的。面对铺天盖地的“北京学生400多分就能上清华北大”的胡话，一位从陕西考入清华的学生坐不住了，写了篇《一个清华外地生的自白：北京学生和外省学生的差异》发在网上。文章说：

作为一个外地考生，我曾经一厢情愿地以为，清华北大在北京招生名额多，所以北京学生比起我们一定弱爆了，你们有啥了不起啊，信不信来陕西我分分钟考死你啊。呵呵，你们就等着给我们垫底吧。

实际上，北京学生的表现整体上是比较优秀的，而且实际上名牌大学里比较容易堕落垫底的是小县城学霸……

小县城教育条件落后，学霸们为了考入名牌大学在学习上投入的时间要多于京沪大城市学生，兴趣、爱好、视野就逊色了……，他们太容易把考第一当做自己唯一的爱好了，但是当他们到了强手如林的名牌大学，第一名离他们远去之后，太难找到生活的乐趣所在了。

而北京学生的优势在哪里？视野、才艺这些容易引起争议的，我就不说了，只说学业。

北京在基础教育上的优势之大是我在外地的时候难以想象的。

我曾经在北京一家教学机构长期辅导高中生参加物理竞赛，也带过多年的家教，北京优秀的中学生的水平真是好得出人意料。

而且我发现，尽管清华北大在北京招生名额很多，但是父母教育程度不高的北京土著家庭却很少有孩子考上清华北大。

就我在北京的生活经验来讲，尽管清华北大在北京的招生比例远高于外省，但是对于很多土生土长的老北京人而言，清华北大还是那样遥不可及。

我甚至可以讲，清华北大在北京的招生名额，多数被那些早些年自己通过努力考入北京、留在北京的外地人的后代所瓜分。

我在清华北大认识的北京同学，大多数父母教育程度都很高，就职于北京的政府机关、高校、科研院所、高科技企业等。

你只要想想，每年有多少学生考入北京的高校，然后留在北京继续发展就可以理解，北京的学生家长这个群体相比外地学生家长这个群体，在教育程度上的优势是不断扩大的。

学习好的学生不是刻意教出来的，往往是熏陶出来的。教育程度比较高的父母、老师熏陶出成绩好的学生，容易太多了。

北京学习最顶尖的学生是非常强的。而且近年来的趋势是北京最优秀的学生选择直接出国，而不是上清华北大。最后，我对那些即将进入清华北大的外地考生，特别是小县城的考生说：你们的确比北京考生付出了多得多的努力，但是你们多出来的努力并没有用在学习新知识上，只是重复性的训练以求少犯错误而已，而你们将来的北京同学，有不少已经在大学的课程上走了很远很远了。

这位陕西籍清华学生，以自己切身的体会，为北京学生的学业正名。更可贵的是，他公允地说出了北京学生的高考走向——很多北京顶尖孩子，目标已经不是清北，而是哈佛耶鲁牛津剑桥了。

自 2008 年、2009 年左右开始，国内优秀的高中毕业生，除了有可能被香港最好的一两所学校录走，更大的可能性是——进入国外一流大学就读。这股向外走的风气，其实不只从高考开始，而是开始于更早的高中，初中，甚至小学。早期伴随着某些家庭的移民，到了现在，则是成了很多学业优秀孩子的自觉选择。

外地学生及其家长盯着北京上海这样的大城市的高考录取率和上国内顶尖大学的概率，心里总是愤愤不平，觉得教育资源的分配何其不公。他们不了解或不想了解的是，大城市较高的高考录取率和好看的一本录取率，是建立在这样一个基础上的：计划生育方面的因素就不说了。生源方面，从学龄前开始，这些地方的学生一直有一股股细流引往教育发达的其他国家，这股细流在初中升高中的时候呈现某种井喷。因为高中生具有一定的行为能力，可以寄宿在学校或家庭。很多大城市的少年，便在十四五岁的年纪独自一人前往国外求学。

另一股潮流则是近些年兴起的初中毕业直升重点高中国际部或

国际学校。从 2014 年开始，这股潮流有越来越热的趋势，以致在某些顶尖高中，国际部学生的录取分数已经高于本部的高考班了。在北京，每年从高中开始在国内接受国际教育的至少好几千学生。这几千人中，有不少具有冲击清华北大等顶尖大学的能力。

各大城市的高中教育体系还出现了这样一种情况：学生在重点高中一路学习，同时利用休息时间在校外进行语言培训，然后在高三毕业季来临之前申请国外的顶尖大学。北京的优质中学每年都有大量的学生通过这种两条腿走路的方式放弃高考，进入世界一流大学。这种优质生源的流失是如此的触目惊心，以致学校也不得不疲于应对。兹举两例为证。

其一是北京某中学，长期以来是北京市文理科高考状元的大户。前两年有学生被全球顶尖的国外大学录取了。该生本来是争夺全市状元的热门人选，校长有点不甘心就此少了一颗筹码。学校动员学生家长，为了学校的声誉让孩子再拼一把参加高考。家长不愿意让孩子吃“二茬苦”，校长和家长谈崩了；其二是江苏某中学，长久的高质量教育水平使其在国内外的教育圈都十分有名，每年输出大量的优秀学生到国外一流大学。近年来，由于外出求学的学生越来越多，参加国内高考的学生一年少似一年，2015 年只有 21 人，2016 年，这一数字回升到了 35 个。这个学校历年来承担着为国家重要部门输送人才的重任。由于学生外流太过严重，引起了有关部门的重视，这才有了少量的回升。

三

那些叫嚷着北京上海等一线大城市的孩子享有优质教育资源，躺着就能上大学、上好大学的人，实在是不了解情况的信口雌黄。

没有人能够随随便便成功，没有哪一朵花，不经过含苞期的能量积蓄就能开出艳丽的花朵。人们在过年过节的时候挽留客人，经常说的一句话是“吃了饭再走，再忙也得吃饭呀”。没有人想得到，真有这样一群孩子，他们忙得连吃饭的时间都要省。F 的同学大刘，有一个比 F 儿子大一岁的孩子。这孩子上了北京某重点高中的国际部后，永远学习到深夜，吃饭的时间也是紧紧张张的。有时家里做饭的阿姨有事不能来，大刘想偷个懒一家人外出吃饭，征询儿子意见，儿子总说就在家里吃。于是大刘只得拿出自己那二把刀厨艺，为儿子制作出充满父爱的餐饭。而儿子，永远也只花 20 分钟，快速吃完饭后又继续去房间苦战。

不独如此，由于我们的学校教育，几乎没有逻辑辩论类课程，也甚少常识教育，很多人都得靠自觉的学习精神一边成长一边自补这一块。那些没有自省精神和学习意识的人，走上社会后表现出基本的逻辑推理能力的缺乏，在常识判断上出差错。就说这个上学的事儿吧。我们的高等教育显然跟世界一流水平还有较大差距。可叹的是一些无知无畏的家长，明知自己的孩子在国内上不了什么像样的大学，985 是没戏的，211 也就将将擦个边儿，却妄想孩子绕开高考这座独木桥后，申请到类似于美国前 50 英国前 10 的学校，真是将国外的大学当成大白菜了，可以随便让猪拱。尽管看在孔方兄的面子上，国外大学对我们这种愿意掏高额学费的中国家长颇为欢迎，但国外的大学并不是菜园子，进进出出很方便。在国内，进了大学似乎就是进了保险箱，只要大学录取了，没有特殊原因，是不可能不给学生一纸毕业证书的。国外大学实施的是宽进严出的制度，即使进得去，能否出得来还是个大问题。听说在很多欧美高校，如果想知道一所大学的学业压力如何，只要问问学生每天能睡几个小时答案便见分晓。每天能睡到 6 个小时的都属学业压力不重、大学生活幸福的学校，至于那些只能睡 5 个小时、4 个小时的学校，学渣们最好自动避开，对那些牛校来一句：哈佛请我去上学我还不想去呢。

曾经，F 听到人们谈起比尔 · 盖茨的成功，便说他的母亲是微软第一个客户 IBM 的董事；说起马化腾，又说当年马的父亲开着奔驰去他公司帮他做账目。言外之意，他们都不是“随随便便”成功的，因为他们有那样的父母，所以才有他们的今天。经过儿子中考一役，如果再有人在 F 面前宣扬“儿子英雄父母好汉”的理论，F 必定会给予反击。盖茨的母亲和马化腾的父亲，也许在儿子的初始阶段的确给予了某些帮助，然而他们今天能够成功，绝对不是取决于他们的父母。家底丰厚、人脉广泛的父母很多，有多少子女能够站在父母的肩膀上，更上一层楼？成功不是来自他人包括父母的恩赐，而是自己经年累月孜孜以求的打拼。大城市里那些优秀的孩子，在跨过小升初、中考等一道道门槛时，付出的是比中小城市的孩子更多的努力，更刻苦的学习。以 F 来说，自己考高中、考大学、考研究生，都没有儿子这么勤奋过，尽管他研究生读的还是在国内排名前几位的名牌大学。